윤영하 할아버지,
오사카에서 독도를 외치다

동북아역사재단
교양총서 01

윤영하 할아버지

오사카에서 독도를 외치다

홍성근 지음

동북아역사재단
NORTHEAST ASIAN HISTORY FOUNDATION

간행사

우리나라를 둘러싼 동북아 지역의 역사 갈등은 여전히 한창이고, 점차 심화되고 있습니다. 우리 동북아역사재단은 2006년에 동북아 지역의 역사 갈등을 미래지향적으로 해결하고, 나아가 역내 평화체제를 구축하려는 목적으로 출범하였습니다. 이때는 항상 제기되고 있던 일본의 역사 왜곡에 더하여 고구려, 발해 역사를 둘러싸고 중국과 역사 분쟁이 일어났습니다.

한국과 일본 사이의 역사 문제는 19세기 말 일제의 침탈과 식민지배 때부터 있어 왔습니다. 지금도 일제의 식민지배에 대한 진정한 사죄와 일본군'위안부' 문제, 강제 동원과 수탈, 독도 영유권 등을 둘러싸고 논쟁과 외교 마찰이 일어나고 있습니다. 중국은 개혁·개방 이후 급속하게 경제발전을 이루면서 체제를 안정시키고 선린외교에 주력하였으나, 주변국과의 관계에서 주도권을 잡고자 하는 과정에서 자연스럽게 역사 문제를 둘러싸고 이웃과 대립하게 되었습니다. 그중 동북3성 지역의 역사에 대해서는 이른바 '동북공정'이라는 것을 통하여 중국 영토 안에서 일어났던 역사를 모두 자기 역사 속에 편입하고자 함으로써, 우리의 고대사(고조선, 부여, 고구려, 발해 등)와 충돌하게 되었습니다.

우리 재단은 이런 역사 현안을 우리 입장에서 연구하면서, 다른 한편으로 우리 국민이나 다른 나라 사람들이 우리의 연구 결과를 같이 공유하고, 이를 쉽게 알 수 있도록 교양 수준의 책을 출간하게 되었습니다. 한·중·일 역사 현안인 독도, 동해 표기, 일본군 '위안부', 일본역사교과서, 야스쿠니 신사, 고조선, 고구려, 발해 및 동북공정 관련 주제로 우리 재단 연구위원을 중심으로 재단 외부 전문가들로 필진을 구성하였습니다.

모든 국민들이 이 교양서들을 읽어서, 역사·영토 현안을 올바르게 인식하고 나아가 우리가 동북아 역사 갈등을 주도적으로 해결하여, 평화체제를 이룩하는 데 주역이 되기를 바랄 뿐입니다.

2020년 12월

동북아역사재단 이사장

프롤로그

2013년 3월 어느 날, 일본에서 온 편지 한 통을 받았다. 오사카에 살고 있는 재일동포 윤영하 할아버지가 보낸 것이었다. 당시는 일본 정부가 내각관방에 영토·주권대책기획조정실을 설치하여 독도에 관한 정책을 공세적으로 펼치던 시점이었다.

편지에는 일본 사회에 배포하고자 하니 일본어로 된 독도 홍보 책자를 보내 달라는 요청이 있었다. 그때부터 할아버지와의 교류가 시작되었다. 나는 동북아역사재단에서 만든 『일본인이 모르는 10가지 독도의 진실』을 보내 드렸다. 그러다가 이 일이 잊힐만 하면 이곳저곳에 다 배포했으니 200권이고 300권이고 더 보내 달라고 하셨다. 이렇게 많은 자료를 어떻게 배포하실까 궁금하기도 하고, 또 이렇게 하셔도 별일이 없을까 자못 걱정되기도 했다. 얼마 후 할아버지는 일본에서 하고 계신 독도 관련 활동 소식을 전해 주셨다. 나는 우편과 전화로만 연락하던 할아버지를 한번 뵙고 싶었다.

2014년 1월, 일본 오사카에서 할아버지를 만났다. 짧은 시간이었지만 할아버지는 당신의 집뿐만 아니라 일본에서 하시는 독도 관련 활동의 일면을 보여 주셨다. 나는 그 모습을 동영상으로 찍어 기록으로 남겨 두고 싶었다. 그 마음에 할아버지 댁의 현관문 옆 창문에 붙여 둔 독도 홍보판과 독도 거리홍보 때 사용하는 현수막, 시마네현 '죽도의 날'에 대응하는 행사가 열릴 구민회관, 길거리 전봇대에 붙인 독도 홍보물 등을 영상에 담았다.

한국으로 돌아와 촬영한 장면들을 잇고 자막도 넣어 5분짜리 다큐멘터리를 완성했다. 거창하게 말해 다큐멘터리지 그냥 동영상을 이어 붙인 것에 불과했다. 하지만 동영상에 그려진 할아버지의 모습은 다시 보아도 신선했다. 나는 기회가 될 때마다 사람들에게 그 영상을 보여 주었다. 공무원들에게도, 학생들에게도, 또 해외에 있는 동포들에게도 보여 주었다. 영상을 본 사람들은 '일본에서도 저렇게 활동을 하시는 분이 계시는구나' 하며 놀라워했고, 할아버지의 열정에 감탄을 아끼지 않았다.

그 후 6년여의 세월이 흘렀다. 그동안 할아버지는 더 열정적으로 일본 사회에 독도를 알리는 방안을 생각하셨고 행동으로 옮기셨다. 나는 독도에 대한 할아버지의 생각과 활동을 글로 소개하면 좋겠다는 생각이 들었다. 이를 통해 일본 시마네현의 '죽도의 날' 행사나 일본 교과서 독도 기술 문제 등 최근 일본의 독도 도발이 얼마나 심각하게 일어나고 있는지, 또 이 문제를 어떻게 다루면 좋을지 의견을 나누고 싶었다.

그러한 생각에서 쓰게 된 이 책은 윤영하 할아버지의 독도에 관한 생각과 활동을 소개하면서 최근 일본의 독도 도발이 갖는 심각성과 주장의 부당성에 대해서도 이야기하고자 한다. 이를 통해 할아버지께서 독도 관련 사항에 대해서는 왜 '일본 국민들에게 호소하는 것이 답'이라고 외치셨는지를 함께 공유할 수 있으면 좋겠다.

이 책의 부록에는 대구CBS 권소영 기자가 2017년 이후 윤영하 할아버지의 활동을 취재하고 쓴 6편의 기사를 실었다. 자칫 무거워지기 쉬운 주제에 할아버지께서 한국과 일본에서 벌이는 독도 관련 활동과 생각이 생생하게 기록된 기사가 생동감을 더해 주리라 기대한다.

윤영하 할아버지는 일제강점기에 태어나 '식민지 청년'으로 살다가 광복 후에는 재일동포로 한평생을 보내셨다. 할아버지는 한일 양국 국민들이 친구처럼 사이좋게 사는 미래를 염원하며 뜨거운 열정으로 독도운동을 해 오셨다. 이 책을 통해 많은 사람들이 할아버지의 뜻과 정신을 조금이라도 알 수 있게 된다면 더할 나위 없이 좋겠다.

2020년 12월

홍성근

차 례

제 1 편

일본의 독도 도발

"이대로 있을 수는 없다!"

아침이면 다방을 찾는 윤 할아버지

일본 오사카시大阪市 니시나리西成라는 동네에는 재일동포 윤영하 할아버지가 살고 있다. 할아버지는 매일 아침이면 출근을 하듯 동네 골목 한켠에 있는 다방을 찾는다. 다방에는 차 한잔이면 무료로 볼 수 있는 신문이 있다.

2005년 2월 어느 날 아침, 할아버지는 습관처럼 다방을 찾았다. 그날따라 기사 한 줄이 할아버지의 눈길을 사로잡았다. 시마네현島根県 의회에서 2월 22일을 '죽도竹島의 날'로 정하는 조례안을

그림 1 | 일본 오사카의 한 골목

이 골목에 윤 할아버지의 집이 있고, 할아버지가 매일 아침 신문을 읽기 위해 찾는 다방이 있다.

제출했다는 것이다. 죽도는 독도의 일본식 명칭이다.

2005년은 과거 제국주의 일본의 영광을 그리워하던 일본 우익에게는 특별한 해였다. 한 세기 전인 1904년 2월 8일 일본 군함이 선전포고도 없이 뤼순의 러시아 해군기지를 급습하고, 이튿날에는 인천 앞바다에 있던 러시아 군함도 기습했다. 일본이 한국을 침탈하기 위해 러일전쟁을 일으킨 것이다.

전쟁 발발 직후 일본은 한국을 강제하여 한일의정서를 체결하고, 한국을 전쟁기지로 삼았다. 1905년 9월 포츠머스 조약이 체결되며 전쟁이 끝나자 일본은 같은 해 11월 을사늑약을 통해 한국에 대한 지배권을 확보하였다. 그로부터 100년이 되는 2005년 일본에서는 그날의 영광을 재현하고 싶어하는 이들이 '러일전쟁 승리 100주년'이라는 이름으로 기념행사를 준비하고 있었다. 그때 시마네현에서 '죽도의 날'을 제정하는 조례안을 제출한 것이다. 그것은 이미 계획된 러일전쟁 기념행사의 일부처럼 보였다.

1905년 1월 28일, 일본의 전시내각이 독도 편입을 은밀히 결정하였다. 이를 통보받은 시마네현 지사는 같은 해 2월 22일 독도를 시마네현 오키도사의 소관으로 한다는 고시 제40호를 제정하였다. 이 일은 러시아 발트함대가 인도양을 돌아 동해로 오는 러일전쟁 한가운데 벌어졌다.

일본은 동해해전에서 러시아 발트함대를 격파한 1년 후인 1906년 5월 27일 『전보신문電報新聞』에 '러일전쟁의 기념 명소'로 독도를 소개했다. 그들에게 독도는 서양세력과 싸워 이긴 자부심의 상징 같은 존재였다.

2005년, 일본 우익들은 100년 전 일본 제국주의의 영광을 재현하고 싶어 했다. 그 속내를 대변하듯 일본 시마네현 의회는 독도를 자국 영토로 다시 탈환하자며 '죽도의 날'을 제정하겠다며 나섰다.

시마네현이 '죽도의 날' 조례 제정을 예고하자 일본 내외에서 반대 여론이 거세게 일어났다. 하지만 시마네현 의회는 그들의 외침을 철저히 외면하며 총원 38명 중 찬성 35명, 반대 2명, 기권 1명으로 3월 16일 조례 제36호로 '죽도의 날을 정하는 조례안'을 통과시켰다. 당시 한국의 시민단체 관계자들은 회의장 밖에서 반대 시위를 벌이고 있었다.

100년 전 한인들이 1905년 2월 22일 시마네현 지사가 독도를 시마네현 소속으로 한다는 고시 제40호의 존재를 알았던들 무슨 소용이 있었겠는가? 그들이 시마네현청으로 몰려가 항의 시위를 벌였다 한들 무슨 소용이 있었겠는가? 그때는 지금보다 더 가혹하게 한인들을 다루지 않았을까 싶다.

윤 할아버지는 시마네현의 '죽도의 날' 조례 제정을 매우 우려했다. 할아버지의 머릿속에서는 불행했던 역사의 기억이 소용돌이치듯 되살아났고, 향후 한일관계에 드리울 어두운 그림자가 그대로 느껴졌기 때문이다.

‘나라도 뭘 해야겠다’

윤 할아버지는 ‘죽도의 날’ 제정이 비단 시마네현만의 문제가 아니라 중앙정부나 우익세력과 긴밀히 연결되어 있다고 직감했다. 그러면서 ‘죽도의 날’ 조례 제정을 주도한 ‘죽도 영토권 확립 시마네현 의회 의원연맹’ 회장인 호소다 시게오細田重雄에 주목했다.

호소다 시게오는 당시 고이즈미 준이치로小泉純一郎 내각의 관방장관이었던 호소다 히로유키細田博之와 정치적으로 또 혈연적으로 가까운 사이였다. 호소다 히로유키는 호소다 시게오의 친척이자 같은 자민당 소속으로 시마네현에 지역구를 둔 중의원 의원이었다. 호소다 시게오는 “‘죽도의 날’을 중심으로 현민과 국민의 이해와 관심을 높여 영토 확립 운동을 추진한다”며 조례안을 상정한 이유를 밝혔다.

우리 정부에서는 일본 정부에 시마네현 ‘죽도의 날’ 조례 제정이 추진되지 않기를 바란다는 의사를 강하게 표시하였다. 하지만 일본 정부는 지방정부에서 추진하는 행사이니 관여할 수 없다는 답으로 일관했다. 이를 곧이곧대로 믿는 한국인은 없을 것이다. 일본의 최대 정당인 자민당은 1996년 중의원 선거에서도 독도 영유권 확보를 선거공약으로 내세웠었다.

한국 정부는 ‘죽도의 날’ 조례 제정에 대해 즉각 대응 조치를 취하였다. 당시 유홍준 문화재청장이 직접 나서서 독도 입도 제한 조치를 해제한다고 발표했다. 독도는 천연기념물 제336호 독도 천연보호구역으로 지정되어 있었고 입도할 때는 허가를 받아야 했다. 그런데 입도 제한 조치가 해제되어 일반 국민들도 보다 자유롭게 독도에 들어갈 수 있게 된 것이다. 현재 독도를 방문하는 인원은 매년 20만 명을 넘고 있으며, 2018년까지 모두 200만 명의 국내외 관광객들이 다녀갔다.

2005년 4월 우리 정부는 대통령 소속으로 '동북아의 평화를 위한 바른역사정립기획단'을 설치하여 독도 관련 현안을 다루었다. 이 기획단에서는 독도와 역사 문제에 대해 장기적·종합적으로 대응하기 위한 기관 설립도 추진하였다. 그것이 2006년 9월에 설립된 동북아역사재단이다. 독도를 관할하는 경상북도에서도 1989년 자매결연을 맺은 시마네현과 즉각 절연하고 일본의 독도 도발에 대응할 독도수호대책팀을 설치하였다. 경상북도 의회에서는 2005년 6월에 1900년 10월 25일 대한제국 칙령 제41호가 제정된 '10월'을 기념하며 '10월'을 '독도의 달'로 정하는 조례를 제정하였다. 각 대학에서도 독도 관련 연구소를 설치하고, 시민단체에서도 적극적으로 독도 관련 활동들을 추진하였다.

시마네현 '죽도의 날' 조례 제정은 잠재되어 있던 윤 할아버지의 열정을 일깨웠다. 할아버지는 다짐했다. '이대로 가만히 있을 수는 없다, 나라도 뭘 해야겠다.'

2월 22일에 '죽도의 날' 행사 개최

일본 시마네현의 '죽도의 날을 정하는 조례'는 본문 3개조와 부칙 1개조로 되어 있다. 조례에는 소위 '독도 문제'에 관한 국민여론 확산을 위해 2월 22일을 '죽도의 날'로 정하고, 시마네현에서 이를 위해 '필요한 시책을 강구하도록 노력할 것'을 규정하고 있다.

죽도의 날을 정하는 조례

2005년 3월 25일 시마네현 조례 제36호

제1조취지: 현민·시정촌·현이 일체가 되어 영토권 조기 확립을 위한 운동을 추진하며, 죽도 문제에 대한 국민여론의 계발을 도모하기 위해 '죽도의 날'을 정한다.

제2조죽도의 날: '죽도의 날'은 2월 22일로 한다.

제3조현의 책무: 현은 '죽도의 날' 취지에 적합한 일들을 추진하기 위해, 필요한 시책을 강구하도록 노력한다.

부칙: 이 조례는 공포한 날로부터 시행한다.

'죽도의 날' 조례 제정으로 매년 2월 22일 '죽도의 날' 기념행사가 시마네현 마쓰에松江시에서 열린다. 첫 번째 행사가 2006년 2월 22일 개최되어 2020년 현재까지 15회에 이르렀다. 다만 2007년 제2회 행사는 2월 22일이 평일이어서 행사에 참가할 인원 동원 등을 고려하여 토요일인 2월 24일에 개최된 적이 있다.

시마네현에서는 '죽도의 날' 행사를 앞두고 그에 대한 관심을 높이기 위해 현 홈페이지와 신문 등을 통해 적극적으로 홍보한다. 시마네현청 내에 있는 죽도자료실에서는 개정된 학습지도요령 및 해설이나 독도 관련 작문대회에서 입상한 학생들의 작품을 전시하기도 한다. 행사 전날에는 지역 주민과 정치인들 간의 의견교환 모임을 여는 등 갖가지 정치적 행사를 개최하기도 한다.

일본 우익단체들은 행사 전날부터 당일까지 수대의 선전 차량을 이용하여 가두 선전 활동을 벌인다. 그들은 큰 확성기를 틀고 행사가 열리는 현민회관 주변을 비롯하여 마쓰에 시내를 돌아다니며 분위기를 돋운다. '독도는 일본 땅이다'를 비롯하여, '한국인은 나가라'는 등 험한 발언도 서슴지 않는다.

한국의 시민단체들은 '죽도의 날' 행사에 맞추어 서울 광화문에 있는 주한일본대사관 앞에서, 부산에 있는 재부산일본국총영사관 앞에서 항의 시위를 한다. 또한 일본 시마네현을 방문하여 항의 시위를 하는 이들도 있다. 특히 독도수호전국연대 대표 최재익 씨는 2005년 3월 시마네현 의회의 '죽도의 날' 조례 제정 때부

그림 2 | 일본 시마네현의 '죽도의 날' 행사 당일의 모습

시마네현에서는 매년 2월 22일 '죽도의 날' 행사를 개최하고 있다. 일본 우익들은 분위기를 돋우고자 차량을 동원하여 마쓰에 시내를 돌며 선전 활동을 벌인다.

터 2019년 2월 22일 '죽도의 날' 행사에 이르기까지 한 해도 거르지 않고 일본으로 건너가 '죽도의 날' 폐지를 주장하는 항의 시위를 벌였다. 2020년에는 코로나19신종 코로나바이러스 감염증 때문에 가지 못했다.

일본 경찰은 만약의 사태에 대비하여 시마네현은 물론이고 히로시마広島, 오카야마岡山, 야마구치山口 등에 있는 경찰들까지 동원하여 수백 명의 경찰이 행사장과 주변을 경비한다. 윤 할아버지의 말처럼 '죽도의 날'이 있는 한 한일 간에는 참된 친선이 없음을 여실히 보여 주고 있다.

매년 반복되는 '죽도의 날' 행사

'죽도의 날' 기념식은 '죽도·북방영토반환요구운동현민대회'라는 이름으로 열린다. 일본에서는 2월 7일을 '북방영토의 날'로 정하고, 각 지역에서는 북방영토반환요구운동현민대회를 연다. 북방영토北方領土는 현재 러시아가 점유하고 있는 섬으로 일본이 영유권 주장을 하고 있는 남쿠릴열도 4개 섬을 말한다. 일본은 자국의 입장에서 홋카이도 북쪽에 있는 섬이라고 하여 북방영토 또는 북방 4개섬이라고 한다.

시마네현에서는 2월 22일 '죽도의 날'에 독도 및 남쿠릴열도와 관련된 두 행사를 합쳐 개최하는데, 독도에 관한 내용이 중심이다. 이미 2003년 11월 15일 오키섬에서 '죽도·북방영토반환요구운동 시마네島根 대회'를 개최한 적도 있으나, 2005년 '죽도의 날' 조례 제정을 계기로 공식화되었다.

'죽도의 날' 행사는 시마네현 주관으로 하며, 대개 시마네현 마쓰에의 현민회관 중中홀에서 열린다. 현 지사 등 시마네현 관계자들이 약 400명, 사전에 입장권을 신청한 일반 시민 약 100명 정도가 참석한다.

시마네현에서는 총리나 정부 각료들에게 초대장을 보내지만 2012년까지는 참석하지 않았다. 그러다가 2013년 당시 내각부의 해양 정책·영토 문제 담당 정무관차관급, 시마지리 아이코[島尻安伊子]이 참석하였다. 그는 그 자리에서 '독도는 일본 고유의 영토와 주권에 관한 문제로서 정부는 물론 현지인을 포함한 국민 전체가 힘을 모아야 할 일'이라고 했다. 그 후 차관급 고위 인사의 '죽도의 날' 행사 참가는 2020년까지 8년째 계속되고 있다.

국회의원들의 경우 2006년 1회 행사 때는 직접 참석하지 않고 보좌관을 대리 참석시켰다. 그러나 이후 자민당이든 민주당이든, 집권 여당이든 야당이든 십수 명의 국회의원들이 직접 참석하거나 대리인들을 보내고 있다. 2020년에는 13명의 국회의원이 직접 참석하였다.

행사는 1, 2부로 진행되는데, 1부는 기념식으로 내빈들의 축사가 있고, 공로자들에 대한 시상 순서도 있다. 공로자라고 하면 독도 관련 자료를 제공한 사람이나 독도 관련 활동에 공헌한 사람들을 말한다. 최근에는 작문대회에서 입상한 학생들에 대한 시상식도 갖고 있다. 행사 때는 결의문도 채택한다. 결의문에는 국제사

그림 3 | 일본 시마네현의 신지호와 독도 강치

시마네현 마쓰에시의 신지호는 저녁 노을이 아름답기로 유명하다. 2008년 '죽도의 날'에 과거 독도의 강치를 박제해 전시했다. '죽도의 날'에 신지호의 저녁 노을도, 강치도 슬프게만 보인다.

법재판소ICJ, International Court of Justice 제소를 포함한 외교 교섭의 진전과 독도에 관한 연구기관 설립을 정부에 요청하는 내용 등이 담긴다. 2부는 강연회 또는 좌담회 형태로 진행되는데, 대개 시마네현 죽도 문제연구회 회장과 관계자, 영토·주권대책기획조정실장 등이 참가한다.

'죽도의 날' 행사에 대해서는 중앙 일간지에서도 관심을 갖고 보도한다. 이들은 독도에 관한 여론 확산을 위해서는 정부가 나서서 영토 교육이 충실히 이루어지도록 노력해야 한다는 점을 강조한다.

이렇게 한바탕 소란이 지나고 또다시 이듬해 2월 22일이 다가올 때면 마쓰에시 한가운데 있는 고요한 호수인 신지호신지코[宍道湖]마저 긴장을 하는 듯하다.

'죽도의 날'을 계기로 여론 확산 본격화

시마네현에서는 2005년 6월 '시마네현 죽도 문제연구회'를 발족시켜 독도에 대한 연구조사를 실시하고, 그 결과를 보고서로 발간하고 있다. 죽도 문제연구회 위원은 대학 교수, 교사 등 약 10여 명으로 구성되며 약 2~3년간 활동을 한다. 다쿠쇼쿠拓殖 대학의 교수인 시모조 마사오下條正男 씨가 발족 후 지금까지 4기째 좌장을 맡고 있다. 4기 죽도 문제연구회는 2017년부터 2020년까지 활동하였으며, 지난 2020년 3월에 4번째 보고서를 지사에게 제출하였다. 그 보고서는 시마네현 Web죽도 문제연구소 홈페에지에도 게시되어 일반인들도 열람이 가능하다.

시마네현에서는 Web죽도 문제연구소를 통하여 독도 관련 내용을 온라인으로 홍보하고, 또 시민 강좌, 순회 전시회 등도 추진하고 있다. 시마네현청 내에 설치된 죽도자료실에는 독도 관련 자료가 보관되어 일반인들의 열람도 가능하다. 또한 '죽도의 날'에는 그곳에서 자료 전시회도 개최된다.

시마네현에서는 2006년부터 총무과에 독도 담당을 두고 독도 관련 행사 및 사업을 추진하였다. 이후 2013년 2월에 중앙정부가 '영토·주권대책기획조정실'을 설치한 것에 발맞추어 시마네현 총무과의 독도 담당은 '죽도대책실'로 변모하였다.

시마네현에서는 독도 관련 여론 확산을 위해 일본의 다른 지역과 연대도 추진하였다. 한때 이웃한 돗토리현鳥取県과 '죽도의 날' 연대행사를 도모하기도 하였으나 얼마를 가지 못하고 중단되었다. 조례가 제정된 2005년 5월에는 시마네현 관계자들이 독도의 영토권 확립과 정부 내 소관 부서 설치 그리고 여론 확산 활동 등을 요구하는 국회 청원을 중의원에 제출하기도 했다. 더불어 지사 명의로 교과서 출판사에 독도에 관한 내용 기술을 늘려 달라는 요청서를 보내기도 했다.

시마네현 지사는 매년 중앙부처를 직접 방문하여 영토문제담당장관에게 독도에 관한 요구사항을 제출하고 있다. 그 내용은 '죽도의 날'을 정부 행사로 승격시키고 독도 관련 연구기관을 만들 것 등이 담겨 있다. 한편 영토문제담당장관은 시마네현에 영토·주권대책기획조정실과의 연계를 요청하고 있으며, 자료조사 등에 연계를 강화하고 있다.

이러한 일들이 2005년 '죽도의 날' 제정을 계기로 본격화되었다.

일본 내각관방에 영토·주권대책기획조정실 설치

'죽도의 날'이 제정되고 시마네현에서는 지속적으로 중앙부서에 독도 관련 부서를 설치할 것을 요청하였다. '죽도의 날' 제정 후 약 8년이 되었을 때, 내각관방에 영토·주권대책기획조정실이 설치되었다. 2013년 2월 5일의 일이다.

2012년 8월 10일, 이명박 대통령이 독도를 방문하자 일본에서는 도발적이고도 조직적으로 독도 영유권을 주장하며 한국에 대한 비판 공세를 강화하였다. 먼저 일본 정부는 독도 관련 사항을 국제사법재판소ICJ에 회부하여 다룰 것을 한국 정부에 제안하였다. 2012년 8월 21일 일본 정부는 '독도 문제'를 '조용하고 공평하며 평화롭게 해결'하기 위한 방법으로 특별협정Special Agreement 체결을 통해 국제사법재판소에 회부할 것을 제안하였다. 특별협정이라는 것은 분쟁 당사국이 분쟁을 국제사법재판소에 회부하기로 합의하는 조약을 말한다. 국제사법재판소에서 재판하기 위해서는 분쟁 당사국이 서로 합의해야 한다. 물론 우리 정부는 그 제안을 거부하였다. 지금까지 일본 정부가 국제사법재판소 회부를 제안한 것은 1954년, 1962년, 2012년 세 차례 있었다.

일본은 한국이 국제사법재판소 회부에 동의하지 않으면 단독으로라도 제소하겠다고 나섰다. 하지만 분쟁이 발생하기 전이든 후든 합의를 하지 않으면 국제사법재판소가 재판을 할 수 없다. 그럼에도 일본이 일방적으로 제소하겠다고 하였으나, 오히려 국제법을 정치적 도구로 삼아 한국을 압박하려 한다는 비판에 직면했다. 그 때문인지 일본은 일방적 제소 방침을 거두어들였다.

국제사법재판소 제소를 운운하던 2012년 11월 일본 정부는 '독도 문제' 대책기구로서 이른바 '죽도 문제 대책준비팀'을 만들었다. 그 직후 자민당이 민주당을 꺾고 다시 정권을 잡으며 2012년 12월 제2차 아베 내각이 들어섰다. 2013년 2월 5일 아베 정부는 기다렸다는 듯 내각관방에 '영토·주권대책기획조정실'이라는 부서를 설치하였다.

'영토·주권대책기획조정실'에서는 독도뿐만 아니라 중국·러시아와 각각 영토 갈등을 빚고 있는 센카쿠尖角제도중국명 댜오위다오[釣魚島], 남쿠릴열도일본명 북방영토 문제도 함께 다루고 있다. 주된 활동은 이들 영토가 자국의 영토임을 국내외에 알리는 것이다. 즉 영토에 관한 국민여론을 조성하기 위한 활동을 기획·입안하고, 국제사회에 자국의 주장을 확산시키는 것이다.

영토·주권대책기획조정실에서는 발족 직후부터 '영토·주권을 둘러싼 내외발신에 관한 전문가 간담회'를 구성하여 독도 및 영토 문제에 관한 전략 구상 및 정책 수립에 관한 보고서를 작성하여 총리에게 제출하고 있다. 전담가 간담회에서는 2013년 후 2020년까지 3차례에 걸쳐 보고서를 작성하고 총리에게 제출하였다. 그 내용을 보면, 독도에 관해서는 역사적 사실보다는 국제법적 사항을 중시하거나 영문 또는 동영상으로 홍보 자료를 만들어 국내외에 일본의 입장을 발신할 것을 요청하고 있다.

영토·주권대책기획조정실에서는 때마다 여론 조사를 실시하여 여론의 향방을 점검하고 홍보 동영상 등을 제작하여 독도에 관한 일본의 입장을 국내외로 발신하고 있다. 또한 정부 내에서 독도 관련 사항에 관해 총괄 조정하는 기능도 수행하고 있다. 그러한 점에서 해외 홍보 활동을 하는 외무성, 교과서 독도 기술과 관련된 문부과학성, 독도 주변 해상을 순시하는 해상보안청 등과도 긴밀하게 연계해 나가고 있다. 물론 지방정부인 시마네현 및 외무성 산하의 일본국제문제연구소JIIA와도 연계하고 있다. 이 밖에도 독도 관련 자료를 수집·정리한 보고서를 인터넷에 게재하여 자국의 입장을 홍보하는 사업도 추진하고 있다. 이 사업은 2014년부터 시행되어 2019년까지 5차례에 걸쳐 독도 관련 자료를 조사·정리하고, 그 자료 중 일부를 인터넷죽도포털사이트에 공개하였다. 일본 정부는 영토·주권대책기획조정실을 중심으로 독도에 관한 국내외 여론 조성을 위한 사업들을 지속적으로 펼쳐 나가고 있다.

〈표〉 2012년 8월 이후 일본의 독도 도발

연월	내용	비고
2012. 8.	일본 정부, 국제사법재판소ICJ 회부 제의	
2012. 11.	내각 관방, 독도 문제대책준비팀 설치	
2013. 2.	내각 관방, 영토주권대책기획조정실 설치	
2013. 7.	'영토·주권을 둘러싼 내외 발신에 관한 전문가 간담회' 결과보고1차	4월 간담회 구성
2013. 8.	일본 국민 대상 독도관련 여론조사 실시	
2013. 10.	독도 동영상 유포 11월 영어판, 12월 한국어판 등 6개 외국어	
2014. 1.	중·고등학교 사회과 학습지도요령 해설: 독도 영유권 기술	
2015. 1.	독도교육 동영상 유포강치가 있던 섬	
2015. 4.	국제문제연구소, 독도주장 영문논문번역문 게재	홈페이지
2015. 4.	영토·주권대책기획조정실, 2014년도 독도자료 게재1차	홈페이지
2015. 6.	'영토·주권을 둘러싼 내외 발신에 관한 전문가 간담회' 결과보고2차	
2016. 5.	영토·주권대책기획조정실, 2015년도 독도자료 게재2차	홈페이지
2016. 6.	일본 오키섬, 죽도역사관 개관	

2017. 2.	초 · 중학교 학습지도요령 개정안 발표: 독도 영유권 기술	확정발표3.31
2017. 5.	영토 · 주권대책기획조정실, 2016년도 독도자료 게재3차	홈페이지
2017. 5.	국제문제연구소, 독도주장 영문논문번역문 게재	홈페이지
2017. 6.	초 · 중학교 학습지도요령 해설 개정: 독도 영유권 기술	
2018. 1.	일본 정부, 영토 · 주권전시관 개관	도쿄 소재
2018. 2.	고등학교 학습지도요령 개정안 발표: 독도 영유권 기술	확정발표3.30
2018. 7.	영토 · 주권대책기획조정실, 2017년도 독도자료 게재4차	홈페이지
2018. 11.	국회단체, '독도의 영토 문제 해결을 요구하는 집회' 개최	도쿄
2019. 3.	일본 초등학교 교과서 검정결과 발표	
2019. 7.	'영토 · 주권을 둘러싼 내외 발신에 관한 전문가 간담회' 결과보고3차	
2019. 9.	영토 · 주권대책기획조정실, 2018년도 독도자료 게재5차	홈페이지
2020. 1.	영토 · 주권전시관 재개관확장 이전	도쿄 소재
2020. 3.	일본 중학교 교과서 검정결과 발표	

이곳저곳에 설치된 독도 홍보시설

시마네현에는 곳곳에 독도 관련 여론 조성을 위한 홍보간판이 설치되어 있는데 특히 시마네현 청사 뜰에는 전자 홍보간판에 독도 관련 내용이 게시되고 있다. 시마네현 마쓰에역에도, 그리고 오키섬 항구에도 '독도는 일본 고유의 영토입니다', '돌아오라 섬과 바다, 안전한 조업 보장' 등의 독도 홍보간판이 설치되어 있다.

시마네현에서는 2007년 4월 현청 내에 죽도자료실을 설치하고, 2016년 5월에는 오키섬 구미久見에 '구미久見 죽도역사관'을 개설하여 자료 전시, 수집 등을 추진하고 있다. 그 외 오키섬의 향토관 등에도 독도 관련 자료가 전시되어 있다.

일본 내각관방의 영토·주권대책기획조정실에서도 영토·주권전시관을 운영하고 있다. 독도 및 센카쿠제도중국명 댜오위다오 등 일본이 영유권을 주장하는 영토에 대한 국민적 관심을 높이기 위해 교육·홍보의 거점으로 개관한 것이다. 영토·주권전시관은 2018년 1월 25일 도쿄 히비야日比谷공원에 있는 시정市政회관에 처음으로 개관하였다. 그런데 그 전시관이 지하 1층에 있어 관람객들이 찾아가기가 쉽지 않고, 장소도 협소하여 많은 한계가 있다는 지적이 있었다. 그러던 차에 시정회관의 내진공사 등으로 이전 장소를 찾다가, 도쿄 도라노몬虎ノ門 지구의 민간빌딩미쓰이[三井]빌딩 1층으로 확장·이전하게 되었다.

새 전시관은 지난 2020년 1월 20일 개관식을 갖고, 1월 21일 일반에 공개되었다. 이곳은 지하철역 가까운 곳에 있어 접근이 쉬울 뿐 아니라 일본 국회도 가깝고 외무성 등 관공서가 밀집해 있는 지역이라 사람들의 왕래가 많은 곳이기도 하다. 전시관의 면적은 약 673.17㎡로 예전의 7배에 이르며, 독도와 센카쿠제도중국명 댜오위다오뿐만 아니라 남쿠릴열도에 대한 전시물도 추가되었다.

새 전시관의 독도 전시코너 입구 전면에는 '1953년 이래 한국이 실력 행사로 불법 점거를 계속'이라는 문구가 적혀 있는데 '한국의 독도 영유가 불법'이라는 것을 강조하려는 의도에서 비롯된 것이다. 전시 내용에서도 1952년 한국의 평화선 선언과 3차례의 국제사법재판소 제소 거부 등을 언급하며 한국의 불법성과 일본의 합법성을 대비하며 문제의 본질을 호도하고 있다.

전시관 자료를 보면 역사적 인식보다 국제법적 측면을 중시한 듯하지만, 유·불리를 따져 자국의 입장에 맞지 않는 자료는 정부 자료일지라도 제외하였다. 즉 독도를 일본의 영역에서 제외한 과거 일본 정부의 문서인 1877년 「태정관 지령」을 비롯하여 1870년 「조선국 교제시말 내탐서」, 19세기 말 「일본전도」 등은 거론조차 하지 않았다.

새 전시관이 있는 빌딩에는 일본 외무성 산하의 일본국제문제연구소가 있다. 전시관 관계자들은 "일본국제문제연구소에는 영토 관련 자료와 데이터가 축적돼 있어 전시 내용 내실화로도 이어질 것"이라며 영토·주권전시관과 일본국제문제연구소의 연계에도 관심을 보였다.

그림 4 | 일본의 중앙과 지방의 독도 홍보시설

일본 도쿄 시내에는 '영토·주권전시관'이 있고, 위쪽 사진 오키섬의 구미久見에는 '구미죽도역사관'이 있다. 아래쪽 사진 일본의 시마네현 곳곳에는 독도 관련 홍보 전시관과 홍보간판을 세워 두고 있다.

일본 외교청서에 '독도 영유권 주장' 반복 기술

매년 시마네현에서 '죽도의 날' 행사가 반복되듯, 일본 정부도 매년 각의에서 승인·발표하는 외교청서와 방위백서에 독도 영유권 주장을 기술하고 있다.

매년 4월이나 5월경에 발표되는 외교청서는 1957년부터 발간되었으며, 독도에 관한 내용이 처음 기술된 것은 1963년이었다. 여기에는 제6차 한일회담 중 예비 교섭에서 논의된 내용이 기술되어 있는데, "'독도 문제'가 영토권에 관한 법률상 분쟁이어서 일본 외무장관이 한국 외무장관에게 이 문제를 국제사법재판소에 회부할 것을 제안했지만, 한국은 지금까지 이 제안에 난색을 표하고 있다"고 기술하였다.

그 후 1964년과 1965년에는 독도에 관한 내용이 기술되지 않다가 1966년판에 다시 기술되었다. 내용을 살펴보면 1965년 한일국교정상화 과정에서 체결된 '분쟁해결에 관한 교환공문'을 언급하며, 교환공문에 '양국 간 분쟁'에는 '독도 문제'가 포함되지 않는다는 별도의 합의가 이루어지지 않은 이상 '독도 문제'가 포함된 것이라고 주장했다. 그 후 잠잠하다가 1971년판에 다시 기술되었는데, 이때 처음으로 '한국의 독도 불법점거'를 명시하였다. 한국이 독도를 불법점거했다는 내용은 1987년까지 계속되다가 2018년판에 '한국의 독도 점거는 불법'이 다시 명시되며 31년 만에 재등장하였다.

한편 '독도가 일본 고유의 영토'라는 내용은 1990년판에 처음 기술되었다. 그 후 그러한 내용이 기술되지 않은 때도 있었지만, 2008년판 이후에는 일본 정부의 일관된 입장이라며 매년 반복적으로 독도를 '일본 고유의 영토'로 기술하고 있다. 2018년판부터는 '독도가 일본 고유의 영토이며, 어떠한 국제법상 근거도 없이 한국이 불법점거하고 있다'는 취지의 내용을 반복적으로 기술하고 있다.

그 외 외교청서에는 당해 연도에 일본 정부가 독도 영유권을 주장하거나 한국의 조치에 항의한 내용을 기술하고 있다. 예를 들면, 일본 정부가 독도 관련 홍보자료를 만들어 일본의 입장을 대외적으로 발신하고 있다는 내용이나 한국의 국회의원 등 주요 인사들이 독도를 방문했다거나 한국군이 독도와 그 주변 바다에서 군사훈련을 했는데 그에 대해 항의를 했다는 내용도 기술하고 있다. 아울러 '독도 문제'의 평화적 해결을 도모하기 위해 1954년부터 현재에 이르기까지 3회에 걸쳐 한국 정부에 대해 국제사법재판소 회부 등을 제안했지만, 한국 정부는 이를 거부하고 있다는 내용도 기술하고 있다.

〈표〉 일본 외교청서의 독도 관련 기술 내용

연도	독도 관련 주요 기술 내용
1963년	죽도 문제에 관해서는 … 본 문제를 국제사법재판소에 회부할 것을 제의했지만, 한국측은 지금까지 이 제안에 난색을 표하고 있다.
1964~1965년	※ 관련 기술 없음
1966년	〈분쟁해결에 관한 교환공문〉 … 여기서 말하는 '양국 간 분쟁'은 특히 죽도 문제를 포함하지 않는다는 별도의 합의가 이루어지지 않은 이상 죽도 문제를 포함하는 것은 명료하다.
1967~1970년	※ 관련 기술 없음
1971~1973년	한국의 죽도 불법점거에 대해 항의하고
1974~1987년	한국에 의한 죽도의 불법점거에 대해 종래부터 반복해서 항의하고 있으나
1988~1989년	※ 관련 기술 없음
1990년	죽도는 법적으로도 역사적으로도 우리나라 고유의 영토라는 점은 명백하며,
1991~1992년	죽도는 법적으로도 역사적으로도 일본 고유의 영토라는 것이 명백하고,
1993~1996년	※ 관련 기술 없음
1997년	유엔해양법조약의 비준에 따른 조치는 죽도 문제에 관한 각각의 입장에 영향을 미치는 것은 아니라는 것을 전제로 한다는 것이 양 수뇌 간에 확인되었다.
1998~1999년	※ 관련 기술 없음
2000년	죽도에 대해서는 이것이 역사적 사실에 비추어도, 국제법상으로도 명백하게 일본 고유의 영토라는 일본의 입장은 일관되고 있고,
2001년	죽도는 역사적 사실에 비추어도, 국제법상으로도 명백하게 일본 고유의 영토이며 이러한 일본의 입장은 일관되고 있다.
2002년	※ 관련 기술 없음
2003년	죽도는 역사적 사실에 비추어도, 국제법상으로도 명백하게 일본 고유의 영토이며, 이러한 일본의 입장은 일관되고 있다.
2004~2006년	죽도는 역사적 사실에 비추어도, 국제법상으로도 명백하게 일본 고유의 영토라는 것이 일본의 일관된 입장이다.
2007년	EEZ 주장이 중복되는 해역 및 죽도 영해에서 한국측이 해류조사를 행하여 대립이 재연되었다.

2008년	죽도는 역사적 사실에 비추어도, 국제법상으로도 명백하게 일본 고유의 영토라는 것이 일본의 일관된 입장이다.
2009년	죽도는 역사적 사실에 비추어도, 국제법적으로도 명백하게 일본 고유의 영토라는 것이 일본 정부의 일관된 입장이며,
2010~2011년	역사적 사실에 비추어도 국제법상으로도 명백하게 일본 고유의 영토라는 것이 일본 정부의 입장은 일관되며,
2012~2013년	죽도는 역사적 사실에 비추어도, 국제법상으로도 명백하게 일본 고유의 영토라고 하는 일본 정부의 입장은 일관되고 있다.
2014~2017년	죽도는 역사적 사실에 비추어도, 국제법상으로도 명백하게 일본 고유의 영토라고 하는 일본의 입장은 일관되고 있다.
2018~2019년	죽도는 역사적 사실에 비추어도 국제법상으로도 명백하게 일본 고유의 영토이다. 한국에 의한 죽도의 점거는 불법점거이고 국제법상 어떠한 근거가 없는 채로 행하여지고 있다는 것은 지금까지 누차 표명해오고 있다.
2020년	죽도는 역사적 사실에 비추어도 국제법상으로도 명백하게 일본 고유의 영토이다. 한국은 경비대를 주둔시키는 등 국제법상 어떠한 근거가 없는 채로 죽도를 계속 불법점거하고 있다.

일본 방위백서에도 독도 관련 주장이 매년 반복 기술

일본 방위백서는 1970년에 처음 발간되었으며, 1976년에 두 번째 발간된 이래 매년 7월이나 8월경에 발간되고 있다. 여기에도 역시 독도 관련 내용이 기술되고 있는데 처음 기술된 것은 1978년이며, 이후에는 기재되지 않다가 1997년에 다시 등장하였다. 그리고 1999년에 다시 등장하여 "독도 등 여러 문제가 여전히 미해결인 채로 존재하고 있다"는 내용으로 반복 기술되고 있다.

방위백서에 독도를 '일본 고유의 영토'라고 처음 기술한 것은 시마네현 '죽도의 날'이 제정된 2005년이었다. 2005년 이후 2020년 현재까지 매년 똑같은 내용이 기술되고 있다. 즉 "일본 고유의 영토인 북방영토와 죽도 문제가 여전히 미해결인 상태로 존재하고 있다"는 내용이 16년째 계속되고 있는 것이다.

방위백서에는 지도상에 독도가 마치 일본의 영토인 것처럼 표시하고 있다. 또한 독도가 안보적 측면에서 현안이 되었던 사건에 대해서도 기술하고 있다. 예를 들면, 2019년 7월 23일 러시아군의 공중조기경보통제기A-50 1대가 독도 영공을 2회나 침범한 내용이다. 당시 한국에서는 전투기를 발진시켜 독도 영공을 침범한 러시아 군용기에 대해 경고 사격을 하고, 또 외교 경로를 통해 러시아에 항의를 하였다. 이때 일본도 러시아 정부와 러시아 군용기에 경고 사격을 한 한국 정부에 대해 항의한 바가 있다. 독도가 자국의 영토라는 것에 근거한 항의였다.

독도 상공은 한국의 방공식별구역KADIZ이 설정되어 있고, 일본의 방공식별구역JADIZ에서는 벗어나 있다. 일본은 러시아 군용기의 독도 영공 침범에 맞서 긴급 발진을 하지 않았다. 이를 두고 일본의 일부 언론에서는 레이더로 러시아와 한국 군용기의 불법행위를 바라볼 수밖에 없는 처지라며, 시마네현이 실시하는 독도 반환 운동을 정부 차원의 운동으로 격상시킬 것을 요구하였다.

일본 정부가 매년 반복하여 발표하는 외교청서와 방위백서의 독도 영유권 기술은 시마네현 '죽도의 날'과 함께 한국 국민들의 감정을 주기적으로 자극하는 요소가 되고 있다.

〈표〉 일본 방위백서의 독도 관련 내용

연도	독도 관련 기술 내용
1978년	금년 4월에는 센카쿠제도 주변수역에서 중국 어선들에 의한 영해 침범사건이 발생하여 북방영토 문제 및 죽도 문제와 함께 일본을 둘러싼 어려운 국제정세의 현실을 다시 한번 통감하였다.
1979~1996년	※ 관련 기술 없음
1997년	우리나라의 북방영토와 죽도, 한반도, 남사군도 등의 여러 문제가 여전히 미해결인 채 존재하고 있는 등 불투명하고 불확실한 요소가 남아 있다.
1998년	※ 관련 기술 없음
1999~2000년	일본의 북방영토와 죽도, 남사군도 등의 여러 문제가 여전히 미해결인 채 존재하고 있다.
2001~2002년	일본의 북방영토와 죽도, 남사군도 등의 여러 문제가 여전히 미해결인 채 존재하는 등 이 지역에는 불투명, 불확실한 요소가 남아 있다.
2003~2004년	우리나라도 북방영토와 죽도의 영토문제가 여전히 미해결인 채 존재하고 있다.
2005년	일본 고유의 영토인 북방영토와 죽도의 영토 문제가 여전히 미해결 상태로 존재하고 있다.
2006년	일본 고유의 영토인 북방영토와 죽도의 영토 문제가 여전히 미해결 상태로 존재하고 있다. 또한 금년 4월 일한 양국이 모두 자국의 배타적 경제수역이라고 주장하는 해역에서 해상보안청이 해저 지형조사를 실시하려고 하자 한국 측은 이에 강하게 반발하였다.
2007~2020년	일본 고유의 영토인 북방영토와 죽도의 영토 문제가 여전히 미해결 상태로 존재하고 있다.

매년 반복되고 상시화된 일본의 독도 도발

일본은 한국의 독도 관련 행위에 대해 공연히 트집을 잡는 것도 서슴지 않는다. 이러한 것에는 비단 정부나 정치인뿐만 아니라 언론까지 나서고 있다. 독도에 세운 시설물을 철거하라거나, 우리 정부의 주요 인사가 독도를 방문하는 경우에도 시비를 건다. 한국의 독도 관할권 행사에 사사건건 트집을 잡는 것은 한국의 독도 영유를 묵인하지 않겠다는 뜻이다. 특히 최근에는 한국에서 독도 주변 수역을 조사한 것에 대해 항의하며 이를 중단할 것을 요구하고 있다. 또 그 조사 결과를 국제학술지에 논문으로 발표한 것에 대해서도 문제를 제기했다.

한편, 한국군은 독도 및 주변 해역에서 독도 방위를 상정한 독도 방위훈련을 매년 두 차례, 대개 6월과 12월에 실시하고 있다. 2019년 한국군은 훈련명에서 '독도'라는 지명을 빼고 '동해영토수호훈련'을 사용하며 독도를 비롯한 동해 방위의 의지를 확고히 했다. 일본 정부에서는 독도가 일본 고유의 영토라는 것에 비추어볼 때 한국군의 훈련은 받아들일 수 없다며 훈련 중지를 요구했다.

일본 정부는 2020년 도쿄 올림픽 및 패럴림픽을 준비하면서 2019년 7월 중순 올림픽·패럴림픽 조직위원회 공식 사이트에서

성화 봉송루트를 소개하며 독도를 일본 영토의 일부처럼 표시하였다. 이에 대해 한국 외교부에서는 "독도가 일본의 영토인 것처럼 표시돼 유감이다. 2018년 평창 올림픽에서는 올림픽 정신에 위배된다며 일본이 항의하여 그 요구에 응해 삭제했다"며 항의를 하였다. 하지만 일본은 "독도는 국제법적으로 일본 고유의 영토"라며 받아들이지 않았다. 아울러 이 지도에는 러시아가 점유하고 있는 남쿠릴열도도 일본의 영토로 표시하였다.

2019년 8월 한국의 국회의원들이 독도를 방문하자 이에 대해 8월 31일 한 국회의원마루야마 호다카[丸山穗高]이 자신의 트위터에 "독도도 정말 협상을 통해 반환되나? 전쟁으로 되찾을 수밖에 없는 거 아닌가"라고 썼다가 논란이 되기도 했다. 이와 관련해 당시 스가 요시히데菅義偉 관방장관은 한국 국회의원들의 독도 방문에 대해서는 "절대로 수용할 수 없다"고 비판한 반면, 마루야마 의원의 발언에 대해서는 "의원 개개인의 발언에 대해서는 정부가 언급하는 것을 삼가고 싶다"라고 하는 데 그쳤다.

하지만 『아사히신문』은 2019년 9월 3일 자 사설을 통해 마루야마 의원의 발언을 신랄하게 비판했다. "일본의 평화헌법 제9조와 유엔헌장은 무력에 의한 국제분쟁 해결을 인정하지 않고 있다. 이러한 매우 중요한 원칙을 망설임 없이 거듭 발언하는 것은 국회의원으로서 해서는 안 될 무책임한 발언"이라고 비판했다. 그러면서 "중의원은 이 사태를 간과해서는 안 되며, 여야가 일치하여 의원직 사퇴 의사를 명확히 해야 한다"고 했다.

일본 국회의원들은 초당파 모임인 '일본의 영토를 지키기 위해 행동하는 의원연맹'을 결성하여 '죽도·북방영토 반환 요구 운동 시마네현민회의'와 협력하여 도쿄에서 '죽도 문제 조기 해결을 위한 도쿄 집회'를 열기도 하고, 기자 간담회 등을 통해 독도 영유권을 지속적으로 주장하고 있다.

앞서 본 바와 같이 일본에서는 매년 2월 시마네현 '죽도의 날' 행사를 시작으로 3월 교과서 검정 결과 발표, 4~5월 외교청서 발표, 7~8월 방위백서 발표 등이 반복되고 있으며, 영토·주권대책 기획조정실 등 독도 관련 조직의 독도 도발이 상시화되고 있다. 이전에는 일부 우익 정치인들이 불쑥불쑥 독도 영유권을 주장했던 상황과는 많이 달라졌음을 알 수 있다.

윤 할아버지는 매일 아침이면 마주하는 신문을 통해 연중 상시 반복되는 일본의 독도 도발을 생생히 목도하고 있었다. 그것은 윤 할아버지에게 참을 수 없는 불편함이 되어 그를 가만히 내버려 두지 않았다. '이 문제를 어떻게 끝낼 것인가?' 윤 할아버지의 고민은 깊어만 갔다.

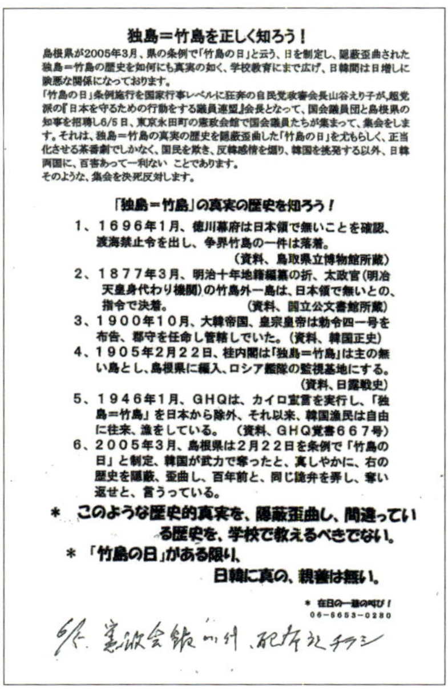

独島＝竹島を正しく知ろう！

島根県が2005年3月、県の条例で「竹島の日」と云う、日を制定し、隠蔽歪曲された独島＝竹島の歴史を如何にも真実の如く、学校教育にまで広げ、日韓間は日増しに険悪な関係になっております。
「竹島の日」条例施行を国家行事レベルに狂奔の自民党政審会長山谷えり子が、超党派の『日本を守るための行動をする議員連盟』会長となって、国会議員団と島根県の知事を招聘し6/5日、東京永田町の憲政会館で国会議員たちが集まって、集会をします。それは、独島＝竹島の真実の歴史を隠蔽歪曲した「竹島の日」を尤もらしく、正当化させる茶番劇でしかなく、国民を欺き、反韓感情を煽り、韓国を挑発する以外、日韓両国に、百害あって一利ない ことであります。
そのような、集会を決死反対します。

「独島＝竹島」の真実の歴史を知ろう！

1、１６９６年１月、徳川幕府は日本領で無いことを確認、渡海禁止令を出し、争界竹島の一件は落着。（資料、鳥取県立博物館所蔵）
2、１８７７年３月、明治十年地籍編纂の折、太政官（明治天皇身代わり機関）の竹島外一島は、日本領で無いとの、指令で決着。（資料、国立公文書館所蔵）
3、１９００年１０月、大韓帝国、皇宗皇帝は勅令四一号を布告、郡守を任命し管轄していた。（資料、韓国正史）
4、１９０５年２月２２日、桂内閣は「独島＝竹島」は主の無い島とし、島根県に編入、ロシア艦隊の監視基地にする。（資料、日露戦史）
5、１９４６年１月、ＧＨＱは、カイロ宣言を実行し、「独島＝竹島」を日本から除外、それ以来、韓国漁民は自由に往来、漁をしている。（資料、ＧＨＱ覚書６６７号）
6、２００５年３月、島根県は２月２２日を条例で「竹島の日」と制定、韓国が武力で奪ったと、真しやかに、右の歴史を隠蔽、歪曲し、百年前と、同じ詭弁を弄し、奪い返せと、言うっている。

＊ このような歴史的真実を、隠蔽歪曲し、間違っている歴史を、学校で教えるべきでない。
＊ 「竹島の日」がある限り、日韓に真の、親善は無い。

＊ 在日の一雄の叫び！
06-5653-0280

그림 5 | 도쿄 항의 시위

2014년 6월 5일 일본 도쿄 헌정기념관에서 '일본의 영토를 지키기 위해 행동하는 의원연맹'과 시마네현 단체가 개최하는 독도 관련 행사가 열렸다. 할아버지는 그곳을 방문하여 '독도 역사의 진실을 알자'는 홍보물을 배포하고 항의 시위를 벌였다.

제 2 편

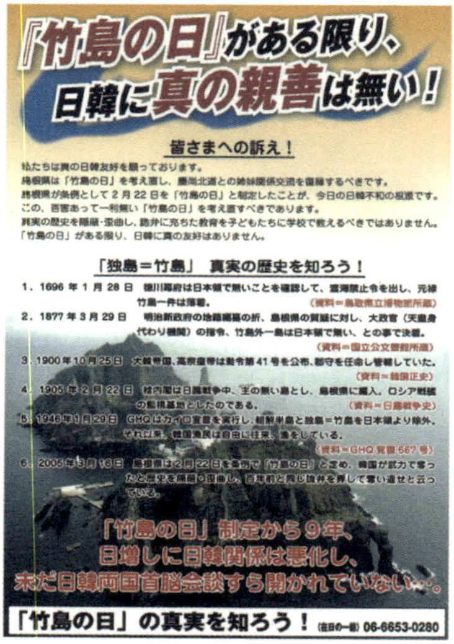
『竹島の日』がある限り、
日韓に真の親善は無い！
皆さまへの訴え！
私たちは真の日韓友好を願っております。
島根県は「竹島の日」を考え直し、慶尚北道との姉妹関係交流を復縁するべきです。
島根県が条例として2月22日を「竹島の日」と制定したことが、今日の日韓不和の根源です。
この、百害あって一利無い「竹島の日」を考え直すべきであります。
真実の歴史を隠蔽·歪曲し、詭弁に充ちた教育を子どもたちに学校で教えるべきではありません。
「竹島の日」がある限り、日韓に真の友好はありません。
「独島＝竹島」 真実の歴史を知ろう！
1．1696年1月28日 徳川幕府は日本領で無いことを確認して、渡海禁止令を出し、元禄竹島一件は落着。
（資料＝鳥取県立博物館所蔵）
2．1877年3月29日 明治新政府の地籍編纂の折、島根県の質疑に対し、大政官（天皇身代わり機関）の指令、竹島外一島は日本領で無い、との事で決着。
（資料＝国立公文書館所蔵）
3．1900年10月25日 大韓帝国、高宗皇帝は勅令第41号を公布、郡守を任命し管轄していた。
（資料＝韓国正史）
4．1905年2月22日 桂内閣は日露戦争中、主の無い島とし、島根県に編入。ロシア戦艦の監視基地としたのである。
（資料＝日露戦争史）
5．1946年1月29日 GHQはカイロ宣言を実行し、朝鮮半島と独島＝竹島を日本領より除外。それ以来、韓国漁民は自由に往来、漁をしている。
（資料＝GHQ覚書667号）
6．2005年3月16日 島根県は2月22日を条例で「竹島の日」と定め、韓国が武力で奪ったと歴史を隠蔽・歪曲し、百年前と同じ詭弁を弄して奪い返せと云っている。
「竹島の日」制定から９年、
日増しに日韓関係は悪化し、
未だ日韓両国首脳会談すら開かれていない…。
「竹島の日」の真実を知ろう！
06-6653-0280

일본의 독도 교육

"할아버지는 그때 뭐 하셨어요!"

야반도주로 떠난 고국

윤영하 할아버지는 일제강점기 전라남도 강진에서 태어났다. 1926년생주민등록상 1928년 5월 2일이니 2020년 현재 우리 나이로 95세다. 할아버지는 1949년부터 70여 년을 오사카에서 생활하였다. 할아버지가 광복 직후 오사카로 건너가 생활한 데는 나름의 사연이 있다.

할아버지는 일제강점기에 손위의 형을 따라 일본 도쿄에서 중·고등학교를 다녔다. 할아버지의 형은 김대중 전 대통령과 목포상업고등학교 동기생이었다고 한다. 그 형이 고등학교를 졸업하고 일본의 대학으로 유학을 갔는데, 그때 할아버지도 형과 함께 일본으로 공부하러 갔던 것이다.

그런데 1945년 방학을 맞아 한국에 왔다가 광복을 맞았다. 할아버지는 일본으로 돌아가지 않고 한국에 남았다. 그 무렵 광주에 조선대학교가 설립되었는데, 할아버지는 조선대학교 야간대학 법학과에 입학하였다. 그리고 선배의 소개로 광주에 있는 학교의 교사로 취업하게 되었다. 낮이면 교사로 학생들을 가르치고, 밤이면 학생이 되어 대학교에서 공부하였다.

그런데 가르치던 학교에서 문제가 생겼다. 한 학생이 시위에 참가한 것이 문제가 되었다. 교무회의에서 그 학생에 대한 징계가 논의되었다. 당시 교사들의 분위기는 그 학생을 퇴학시키는 쪽으로 방향이 섰는데 할아버지가 반대하고 나섰다. 할아버지는 퇴학시킬 정도가 아니라며 학생을 두둔했다. 오히려 교사들이 학생을 보호해야 한다는 주장을 강하게 폈다. 할아버지는 여순사건 등 혼란했던 당시 시국과 복잡하게 얽혀 공산주의자로 몰려 급기야 투옥되고 말았다. 모진 고문도 받았단다.

그러다가 법조계에 몸담고 있던 형 친구의 도움으로 구속 상태에서 풀려났다. 형 친구는 할아버지가 한국에 그대로 있다가는 고통만 더할 뿐이라고 했다. 할아버지는 야음을 틈타 도망치듯 집을 나서 걸어서 부산까지 갔다. 다시 그곳에서 배를 타고 일본으로 건너갔다. 1949년이었다.

할아버지는 도쿄에서 고등학교를 다닐 때 묵었던 하숙집을 찾아가 얼마간 있다가 다시 오사카로 갔다. 이듬해1950 할아버지는 교토京都대학에 입학하였으나 오사카에서 교토까지 공부하러 다니는 것은 여간 어려운 일이 아니었다. 결국 집에서 등하교가 쉬운 오사카의 간사이關西대학에 입학하여 공부를 하게 되었다.

그 후 할아버지는 사업을 하여 크게 성공하였고, 오사카 지역 한인 경제인연합회 부회장을 역임하기도 했다. 그런데 할아버지의 마음은 늘 고국에 있었다. 그야말로 야반도주로 떠나온 집이 그리웠고, 고향산천이 그리웠고, 또 고국의 흙 냄새가 그리웠다. 그 마음은 고국에 대한 사업 투자로 이어졌다. 그러나 사업은 할아버지의 마음처럼 되지 않았다. 투자가 과도했는지 사업 전체가 어려움에 처하게 되었다. 결국 할아버지는 감당할 수 없을 정도로 많은 빚을 지고 사업을 접게 되었다.

"할아버지는 독립운동 안 하고 뭐 하셨어요?"

할아버지의 사업 실패는 고스란히 자녀들의 부담으로 돌아갔다. 할아버지는 그 일로 자녀들에게 매우 미안해하며 한동안 외부와 단절하고 집 밖으로 나가지도 않았다. 시간이 지난 후 기껏 아침이면 다방에 가서 신문 보는 것 정도였다.

2005년 3월 시마네현 의회에서 '죽도의 날'을 제정하던 그때, 일본에서는 중학교 교과서 검정 결과가 발표되었다. 그렇지 않아도 '죽도의 날' 조례 제정으로 시끄러운 참인데 교과서 검정 결과가 불난 데 부채질하였다. 일본 우익 교과서 회사인 후쇼사扶桑社의 중학교 공민 교과서가 일본 문부과학성의 검정을 통과했던 것이다. 그 교과서에는 독도가 '일본 고유의 영토'이고, '한국이 불법점거'하고 있다는 내용이 기술되었다.

그 뉴스가 할아버지의 가슴에 비수처럼 꽂혔다. 할아버지는 손자와 증손자들을 생각했다. 불현듯 그들이 '독도가 일본 땅'이라고 기술된 교과서로 교육을 받는다고 생각하니 등골이 오싹했다. 할아버지는 자녀들에게 큰 빚을 떠안긴 것도 미안한데, 그 자녀들의 자녀들에게 '독도는 일본 땅'이라는 교육까지 받게 하는 것이 또 하나의 큰 빚처럼 여겨졌다. 할아버지는 그 책임에 대한 부담감을 오롯이 갖게 되었다. 이제는 사업을 할 수 없을 정도로 나이가 들어 돈을 벌 수는 없지만, 독도운동을 통해 재일동포 할아버지로서 최소한의 도리는 할 수 있지 않을까 생각했다.

사실 윤 할아버지는 1945년 광복을 맞이했지만 마냥 기뻐할 수만은 없었다. 일제강점기에 태어나 일본식 교육만 받으며 살아온 할아버지는 당시 한창 일기 시작한 광주 지역 청년단 활동에 참여하였다. 그러면서 태어나서 처음으로 조선의 역사와 독립운동에 관한 이야기를 듣게 되었다. 할아버지는 그때의 일을 기억하며, '일본의 군국 소년이 하루아침에 조선의 애국자로 변신했다'고 했다.

할아버지는 어느 날 그 공부를 하고 집으로 돌아가 조부에게 따지듯 대들었단다.

"할아버지는 독립운동 안 하고 뭐 하셨어요!"

윤 할아버지의 조부는 일제강점기에 벼슬을 했단다.

세월이 흘러 이제 손자에 증손자까지 둔 할아버지는 두려웠다. 1945년 할아버지가 조부에게 한 힐문이 이제는 부메랑이 되어 돌아올 것만 같았다.

"할아버지는 독도운동 안 하고 뭐 하셨어요!"

이제 자녀들에게 지운 빚 부담은 어찌할 수 없지만 손자와 증손자를 위한 독도운동은 생의 마지막 순간까지 해야 한다는 결심이 선 것이다.

교과서 기술을 통한 독도 여론 확산

일본 교과서의 독도 기술은 일본 측에서 제일 관심을 갖고 적극적으로 추진해 온 것이다. 자라나는 세대에 대한 교육이야말로 독도에 관한 여론 조성과 확산을 위해 가장 크게 효과를 볼 수 있는 일이기 때문이다.

일본 교과서의 독도 영유권 주장 기술은 한일 간 독도 논의에 발맞추어 표면화되기 시작하였다. 1996년 한일 양국의 유엔해양법협약 비준에 이어 1999년 1월 신한일어업협정 발효를 즈음하여 독도를 둘러싸고 크게 대립하였다. 국내적으로도 한일어업협정을 둘러싸고 독도에 관한 관심도 커지고 시민단체의 활동도 크게 늘어났다.

그러한 가운데 2002년 독도를 '일본 고유의 영토'라고 기술한 명성사明成社의 고등학교 일본사 교과서가 일본 문부과학성의 검정을 통과하였다. 2005년에는 후쇼사의 중학교 공민 교과서 신청본가 독도를 "역사적으로도 국제법적으로도 일본의 고유 영토"이며, "한국이 불법점거"하고 있다고 기술했는데 역시 검정을 통과하였다. 일본에서는 교과서 검정제도를 채택하고 있는데, 교과서 회사에서 교과서를 만들어 검정 신청을 하면 문부과학성이 심의하여 합격 또는 불합격 판정을 한다. 부분적인 수정 사항에 대해서는 수정 의견을 제시하여 교과서 내용을 수정할 것을 요구한다.

2006년 2월 22일 시마네현이 첫 번째 '죽도의 날' 행사를 가졌다. 독도를 둘러싼 대립과 갈등이 심화된 상황에서 같은 해 3월 29일 문부과학성이 고등학교 교과서 검정 결과를 발표하였다. 그런데 그것이 또 크게 문제가 되었다. 검정 신청 교과서에 독도를 둘러싸고 "한국과 교섭 중"이라는 기술에 대해 문부과학성이 "독도가 일본 영토라는 점을 이해하기 어렵다"는 수정 의견을 제시하였다. 그에 따라, "시마네현에 속해 있는", "일본 고유의 영토" 등으로 표현을 수정했던 것이다. 보다 직접적으로 '독도를 일본의 영토'로 기술한 것이다. 일본 정부가 교과서 검정 과정을 통해 독도 관련 기술을 통제하고 있다는 것이 확인되었다.

다시 1년이 지난 2007년 2월 일본 시마네현은 '죽도의 날' 행사를 개최하였고, 3월 30일 전년도에 이어 일본 고등학교 교과서 검정 결과 발표가 있다. 일본 문부과학성은 교과서 검정 과정에서 독도가 일본의 영토라는 것을 기정사실화하고 명확히 하는 방향으로 수정을 요구한 사실이 드러났다. 교과서를 둘러싼 대립과 갈등이 해마다 재연된 것이다.

그때 검정을 통과한 동경서적의 정치경제 교과서를 보면, 검정 신청본에는 "죽도(독도)의 영유권 문제… 등 미해결 문제도 있다"라고 서술하였다. 이에 대해 문부과학성은 "죽도가 일본의 영토"라는 것을 이해하기 쉽도록 내용을 수정할 것을 요구하였다. 이는 신청본에서 '독도'라고 표기된 명칭을 일본식 지명 '죽도'와 병기한 것도 한 원인이었던 것으로 보인다. 결국 검정 합격본에서는 '독도'라는 지명이 삭제되고, 독도가 일본의 영토라는 것을 전제로 "일본의 영토에 관해서는… 한국과는 죽도를 둘러싼 문제가 있고…"라고 기술되었다. 또 다른 교과서에서는 "죽도가 일본 영토라는 점을 이해하기 어렵다"라는 문부과학성의 수정 의견에 따라 "시마네현에 속해 있는", "일본 고유의 영토" 등의 표현으로 수정되었다. 검정 과정을 통해 교과서의 독도 기술을 통제하던 일본 문부과학성은 2008년 이후에는 학습지도요령 해설學習指導要領解說에 독도를 명기함으로써 독도 기술을 의무화하였다.

일본 교과서의 독도 기술은 시마네현의 '죽도의 날' 행사와 함께 마치 독도 도발의 쌍두마차처럼 매년 진격을 거듭하였다.

학습지도요령 해설에 처음으로 독도 명기

2008년 7월 14일 일본 문부과학성이 중학교 사회과 학습지도요령 해설에 독도를 처음 명기하였다. 일본 정부가 독도 교육 강화에 대한 의지를 노골적으로 드러낸 것이다.

학습지도요령 해설은 교육 과정과 교과서 집필 기준이 되는 것으로 검정 심의에서 사실상 구속력을 가진다. 교과서를 집필할 때는 이를 따라야 한다. 일본 정부는 학습지도요령 해설에 독도 관련 내용을 기술함으로써 정부 주도의 독도 교육을 본격화하였다. 이 해설에는 일본 정부의 입장에 근거하여 '독도에 관한 이해를 심화시킬 것'을 규정하고 있다.

한국 측에서는 거세게 반발하는 한편, 체계적으로 대응하기 위해 동북아역사재단에 독도 관련 부서를 확대·개편하여 독도연구소를 개소하였다.

학습지도요령과 해설은 교과서뿐만 아니라 전반적인 교육 내용과 수업 방향을 결정한다는 점에서 중요한 의미를 갖는다. 학습지도요령은 문부과학성 중앙교육심의회가 작성하고 전문과 총칙, 각 교과목별 목표와 내용, 그리고 지도 방법 등으로 구성되어 있다. 학습지도요령 해설은 학습지도요령의 교과목별 내용을 보다 상세하게 설명한 것이다.

일본 정부가 학습지도요령과 해설에 독도를 게재하고자 하는 노력은 2005년으로 거슬러 올라간다. 2005년 3월 29일 일본 국회 참의원에서 당시 문부과학성 장관 나카야마 나리아키[中山成彬]이 "독도라든가 센카쿠라든가 또는 북방 4도의 문제… 이 부분에 대해서는 확실하게 다음 학습지도요령 개정에서는 고쳐야 한다"고 발언하며 학습지도요령에 독도를 명기하겠다는 입장을 표명하였다. 2008년 5월 19일에는 문부과학성 차관이 독도 교육의 필요성을 강조하기도 하였다. 그렇게 하기 위해 교육 과정과 교과서 집필 기준이 되는 학습지도요령과 해설에 독도를 명기하려고 했던 것이다.

2008년 7월 14일 중학교 사회과 학습지도요령 해설에 독도 관련 내용을 명기하며 독도에 관한 이해를 심화시킬 것을 요구하였다. 즉 "우리나라일본가 정당하게 주장하고 있는 입장에 기초하여… 우리나라일본와 한국 사이에 죽도독도를 둘러싸고 주장에 차이가 있다는 점 등도 언급하여, 북방영토남쿠릴열도와 마찬가지로 우리나라의 영토·영역에 관한 이해를 심화시키는 것도 필요하다"고 기술하였다.

시마네현에서도 독도 관련 교과서 기술을 요구하는 활동을 적극적으로 추진하였다. 2005년 6월 29일 시마네현 의회의 "영토 교육과 독도에 대하여"라는 주제의 질의응답에서 시마네현 지사 미조구치 젠베에[溝口善兵衛]는 '2004년부터 문부과학성을 상대로 학습지도요령에 독도를 명기할 것을 요청하고, 교과서 회사에 독도를 기술하도록 요청하였다'고 답변하였다. 당시 시마네현 교육위원회 교육장히로자와[広沢卓嗣]도 '독도를 기술한 교과서가 증가한 것은 문부과학성과 교과서 회사에 기술을 요구한 성과였다'고 평가하였다. 시마네현에서는 여러 방안으로 집요하고도 지속적으로 교과서에 독도 기술을 요청해왔던 것이다.

2007년 12월 19일에는 일본 자민당 시마네현의회 의원연맹에서도 '독도의 영토권 조기 확립'을 위한 요청서를 국회의원과 관계 부처에 제출하였다. 요청서에는 일본의 초·중·고등학교 학습지도요령에 남쿠릴열도와 마찬가지로 독도에 대해서도 "일본 고유의 영토"며, "한국에 의해 불법점거 당하고 있다"는 등의 내용을 명확히 기술할 것을 요구하였다.

'죽도의 날'을 제정한 시마네현에서는 일본 내 여론 조성을 위해 교과서에 독도 관련 내용 기술 및 학습지도요령과 해설에 명기되도록 지속적으로 요청하였다. 이에 부응이라도 하듯 일본 정부도 학습지도요령과 해설을 개정했다.

최근 학습지도요령 및 해설 개정 과정

일본 정부는 2009년 고등학교 학습지도요령 해설을 개정하였다. 그런데 이번에는 2008년 중학교 사회과 학습지도요령 해설의 독도 명기에 대한 내외부의 거센 반발과 우려를 고려한 듯 독도를 직접 언급하지 않았다. 하지만 '중학교 학습을 토대로 영토에 관한 교육을 강화할 것'을 요구하였다. 이러한 영토 교육 강화 방침에 따라 2010년 초등학교, 2011년 중학교, 2012년과 2013년 고등학교의 교과서에 독도 기술을 늘려 나갔다.

문부과학성이 고시하는 학습지도요령과 해설은 약 10년을 주기로 개정하고, 또 교과서 작성과 내용 주지를 위해 3~4년 정도의 기간을 설정하여 실시되었다. 그러나 2012년 12월 제2차 아베 내각이 들어선 후에는 시기를 가늠할 수 없을 정도로 학습지도요령과 해설이 급속히 개정되었다.

2014년 1월에는 중학교와 고등학교의 학습지도요령 해설이 개정되며 '독도는 일본의 고유 영토, 한국이 불법점거'하고 있다고 기술하였다. 이를 토대로 2015년 중학교 사회과지리, 역사, 공민, 2016년과 2017년 고등학교 사회과지리, 일본사, 현대사회, 정치경제의 모든 교과서에 독도에 관한 내용이 기술되었고, 분량도 대폭 증가하였다.

2017년 2월 14일 일본 문부과학성은 초등학교와 중학교의 학습지도요령 개정안을 발표하였다. 그 후 의견 수렴 과정을 거쳤으나 내용 수정 없이 같은 해 3월 31일 개정 학습지도요령을 확정·발표하였다. '독도가 일본의 고유 영토'라는 것에 기초하여 독도 교육을 실시하도록 한 것이다. 학습지도요령은 법적 구속력이 있어서 그 내용에 따라 교과서를 기술하거나 학교에서 교육을 해야 한다. 같은 해 6월 21일에는 초등학교와 중학교 학습지도요령 해설이 개정되었는데, 독도에 관한 내용 기술이 대폭 증가하였다.

2018년 2월 14일에는 고등학교 학습지도요령 개정안이 발표되었다. 그로부터 3월 15일까지 역시 일반 국민들을 대상으로 의견 수렴 절차를 거친 후 내용 수정 없이 3월 30일 확정·발표되었다. 전년도에 초등학교와 중학교 학습지도요령 개정에 이어 고등학교에 독도 관련 내용이 처음으로 기술되었다. 고등학교 학습지도요령에는 '독도는 일본의 고유 영토'라는 내용을 기초로, '독도는 1905년 일본이 편입'하였으며, 이 문제는 '평화적인 방법에 의해 해결할 것'을 교육하도록 요구하였다.

이어, 같은 해 7월 17일 문부과학성은 고등학교 개정 학습지도요령에 근거하여 학습지도요령 해설을 개정하였다. 해설에서는 독도가 '일본 고유의 영토'이지만 한국이 '불법점거'하고 있으며, 이에 대해 '한국에 누차에 걸쳐 항의'하고 있고, 일본의 입장이 '역사적으로도 국제법적으로도 정당하다'는 것 등을 사회과 교과서에서 다루도록 기술하였다.

일본 문부과학성은 고등학교 학습지도요령 해설을 개정하면서, 지리, 역사 및 공민 과목에 독도 등 영토 관련 사항에 대해 2019년 4월 1일부터 개정 학습지도요령의 해당 내용을 적용하는 특례를 정하는 사항도 공고하였다. 당초에는 고등학교 개정 학습지도요령이 2022년 4월 1일부터 시행될 예정이었으나, 독도를 비롯하여 영토와 관련된 내용에 대해서는 그 시기를 3년 앞당겨 2019년부터 강행하겠다고 한 것이다. 이는 일본 정부의 영토 교육에 대한 의지가 얼마나 강한지를 알게 해 주었다.

〈표〉 2012년 이후 일본 초·중·고 교과서 관련 독도 기술 동향

<table>
<tr><th>날짜</th><th>내용</th><th>독도 기술
(지도 포함)</th><th>비고</th></tr>
<tr><td>2012년
3월 27일</td><td>고등학교 교과서 1차 검정결과 발표</td><td rowspan="2"></td><td rowspan="2">전부 기술(지리), 부분 기술(일본사, 정치경제, 현대사회, 세계사)</td></tr>
<tr><td>2013년
3월 26일</td><td>고등학교 교과서 2차 검정결과 발표</td></tr>
<tr><td>2014년
1월 28일</td><td>중·고등학교 학습지도요령 해설 개정</td><td>일본의 고유영토
한국이 불법점거</td><td></td></tr>
<tr><td>2014년
4월 4일</td><td>초등학교 교과서 검정결과 발표</td><td>12종 중 11종</td><td>전부 기술(5~6학년 사회),
일부 기술(3~4학년 사회)</td></tr>
<tr><td>2015년
4월 6일</td><td>중학교 교과서 검정결과 발표</td><td>18종 중 18종</td><td>지리, 역사, 공민</td></tr>
<tr><td>2016년
3월 18일</td><td>고등학교 교과서 1차 검정결과 발표</td><td rowspan="2">59종 중 46종</td><td rowspan="2">전부 기술(지리, 일본사, 정치경제, 현대사회), 부분 기술(세계사)</td></tr>
<tr><td>2017년
3월 24일</td><td>고등학교 교과서 2차 검정결과 발표</td></tr>
<tr><td>2017년
2월 14일</td><td>초·중학교 학습지도요령 개정안 발표</td><td>일본 고유의 영토</td><td>3월 31일 확정 발표</td></tr>
<tr><td>2017년
6월 21일</td><td>초·중학교 학습지도요령 해설 개정</td><td>일본 고유의 영토
한국이 불법점거</td><td></td></tr>
<tr><td>2018년
2월 14일</td><td>고등학교 학습지도요령 개정안 발표</td><td>일본 고유의 영토</td><td>3월 30일 확정 발표</td></tr>
<tr><td>2018년
7월 17일</td><td>고등학교 학습지도요령 해설 개정</td><td>일본 고유의 영토
한국이 불법점거</td><td></td></tr>
</table>

2019년 3월 26일	초등학교 교과서 검정결과 발표	9종 중 9종	4~6학년 사회
2020년 3월 24일	중학교 교과서 검정결과 발표	17종 중 17종	지리, 역사, 공민

개정 학습지도요령 및 해설 내용

2017년과 2018년에 개정된 초·중·고 학습지도요령과 해설을 보면, 앞으로 일본의 교과서에 독도 관련 내용이 어떻게 기술될 것인지 충분히 미루어 짐작할 수 있다. 학습지도요령에는 총칙부터 과목의 내용 등 세세한 부분까지 제시되어 있다. 교과서 기술과 검정에 직접 영향을 미치는 학습지도요령과 해설 내용이 상세하게 기술되면 교육 현장의 재량이 축소되고 교과서 편집과 검정 과정에서 자율성도 제한될 수밖에 없다.

학습지도요령 및 해설을 통해 본 일본의 독도 교육은 초등학교에서 일관되고 체계적으로 기초를 정립한 뒤 상급 학교로 갈수록 점차 그 내용이 구체화되는 양상을 보인다.

독도 교육의 핵심 내용은 독도에 관한 일본의 입장이 역사적·국제법적으로 정당하다는 것인데, 그 주된 입장은 '독도는 일본의 고유 영토이며 한국이 불법점거하고 있다'는 것이다. 이에 관해 세 가지 근거를 들고 있다. '첫째, 17세기 중엽에 일본이 독도 영유권을 확립하였다. 둘째, 1905년 국제법에 따라 일본의 영토이며, 시마네현이 편입한 이후 실효적으로 지배해 왔다. 셋째, 제2차 세계대전 이후에는 일본의 영토를 확정한 샌프란시스코 강화조약에서 독도를 일본 영토라고 확인하였다.'

이러한 논거에 기초하여 지리 과목에서는 독도가 일본 고유의 영토라는 것, 역사 과목에서는 1905년 독도가 일본의 영토로 편입됐다는 것, 공민공공, 정치경제 과목에서는 일본은 한국의 독도 불법점거에 항의를 계속하면서 국제사법재판소 회부 등 평화적 수단에 의한 해결을 위해 노력하고 있다고 기술되었다.

〈자료〉 개정 초·중·고 학습지도요령의 교과별 독도 관련 핵심 내용 비교

<table>
<tr><th colspan="2">초등학교(2017년 개정)</th><th colspan="2">중학교(2017년 개정)</th><th colspan="2">고등학교(2018년 개정)</th></tr>
<tr><td rowspan="8">사회
(5학년)</td><td rowspan="8">일본 고유영토</td><td rowspan="2">지리</td><td rowspan="2">일본 고유영토</td><td>지리종합</td><td>일본 고유영토</td></tr>
<tr><td>지리탐구</td><td>일본 고유영토</td></tr>
<tr><td rowspan="3">역사</td><td rowspan="3">독도 영토편입</td><td>역사총합</td><td>독도 영토편입</td></tr>
<tr><td>일본사탐구</td><td>독도 영토편입</td></tr>
<tr><td>세계사탐구</td><td>(언급 없음)</td></tr>
<tr><td rowspan="3">공민</td><td rowspan="3">평화적 해결</td><td>공공</td><td>평화적 해결</td></tr>
<tr><td>윤리</td><td>(언급 없음)</td></tr>
<tr><td>정치경제</td><td>평화적 해결</td></tr>
</table>

2019년 3월 26일에는 개정 학습지도요령과 해설에 따라 처음으로 초등학교 교과서 검정 결과가 발표되었다. 모든 고학년용5, 6학년 사회 교과서6종에 독도를 '일본 고유의 영토'로 기술하고, 4학

년 교과서3종에서는 지도상에 독도를 일본 영토로 표시하였다.

2020년 3월 24일에는 중학교 사회과 교과서 검정 결과가 발표되었다. 이때는 17종의 사회과지리, 역사, 공민 교과서에 대한 검정 결과가 발표되었는데, 모든 교과서에 독도가 일본 영토라는 내용으로 기술되었다. 이는 일본 정부가 주도한 학습지도요령과 해설 개정에 따른 결과였다.

2021년과 2022년에는 고등학교 교과서 검정 결과가 있을 것이다. 그리고 그 후에는 다시 초등학교와 중학교 교과서 검정이 4년을 주기로 있을 것이다. 결과를 보지 않더라도 독도 관련 내용이 심각한 수준에 이를 것임은 불을 보듯 뻔하다. 왜냐하면 일련의 교과서들이 개악된 학습지도요령과 해설을 기준으로 집필되고 또 검정 심사를 받기 때문이다.

그림 6 | 학습지도요령과 해설

일본 문부과학성 홈페이지에는 2017년과 2018년에 개정된 초·중·고 학습지도요령과 해설이 게시되어 있다. 왼쪽부터 순서대로 독도가 명기된 초등학교 학습지도요령, 중학교 학습지도요령 해설사회편, 고등학교 학습지도요령 해설지리역사편이다.

〈자료〉 초등학교 학습지도요령 및 해설의 독도 관련 기술

구분	개정 학습지도요령 (2017년 3월 31일)	구분	개정 학습지도요령 해설 (2017년 6월 21일)
사회	죽도와 북방영토, 센카쿠제도가 우리나라 고유의 영토라는 것을 언급할 것	사회과 (5학년)	영토의 범위에 대해서는 죽도와 북방영토, 센카쿠제도가 우리나라 고유의 영토라는 것을 언급할 것. (중략) 영토의 범위에 대해서 지도할 때에는 죽도와 북방영토(하보마이군도, 시코탄, 구나시리, 에토로후), 센카쿠제도는 한 번도 다른 나라의 영토가 된 적이 없다는 의미에서 우리나라 고유의 영토라는 것에 대해서 언급하고 설명하는 것이 중요하다. 또한 죽도와 북방영토 문제에 대해서는 우리나라 고유의 영토이지만 현재 대한민국과 러시아연방에 의해 불법으로 점거되어 있다는 것과, 우리나라는 죽도에 대해서 대한민국에 반복해서 항의하고 있다는 것과, 북방영토에 대해서 러시아연방에 그 반환을 요구하고 있다는 것 등에 대해서 언급하도록 한다. 나아가 센카쿠제도에 대해서는 우리나라가 현재 유효하게 지배하는 고유의 영토이며 영토문제는 존재하지 않는다는 것에 관해서 언급하도록 한다. 그때에 우리나라의 입장은 역사적으로도 국제법적으로도 정당하다는 것을 전제로 지도하도록 한다.

〈자료〉 중학교 개정 학습지도요령 및 해설

구분		개정 학습지도요령 (2017년 3월 31일)	개정 학습지도요령 해설 (2017년 6월 21일)
사회과	지리적 분야	죽도와 북방영토가 우리나라의 고유영토라는 것 등, 우리나라 영역을 둘러싼 문제도 거론하도록 할 것. 그때, 센카쿠제도에 관해서는 우리나라의 고유영토이며 영토문제는 존재하지 않는다는 것도 다룰 것.	'영토의 범위와 변화와 그 특색'에 대해서는 우리나라의 해양국가로서의 특색을 거론하는 것과 함께 죽도와 북방영토가 우리나라 고유의 영토라는 것 등, 우리나라의 영역을 둘러싼 문제도 거론하도록 할 것. 그때에 센카쿠제도에 대해서는 우리나라 고유의 영토이고 영토문제는 존재하지 않는다는 것도 다룰 것. (중략) 죽도와 북방영토가 우리나라 고유의 영토라는 것 등 우리나라의 영역을 둘러싼 문제도 거론하도록 할 것에 대해서는 죽도와 북방영토(하보마이군도, 시코탄, 구나시리, 에토로후)에 대해서 각각의 위치와 범위를 확인함과 동시에, 우리나라 고유의 영토인데 각각 현재 한국과 러시아연방에 의해 불법으로 점거되어 있기 때문에 죽도에 대해서는 한국에 대해서 누차에 걸쳐 항의를 하고 있다는 것, 북방영토에 대해서는 러시아연방에 그 반환을 요구하고 있다는 것, 이들 영토문제에 있어서 우리나라의 입장은 역사적으로도 국제법적으로도 정당하다는 것 등에 대해서 적확하게 다루고 우리나라의 영토·영역에 대해서 이해를 깊게 하는 것도 필요하다. 또한 '센카쿠제도에 대해서는 우리나라 고유의 영토이며 영토문제는 존재하지 않는다는 것도 다룰 것'이라고 되어 있는 점에서 현재 우리나라가 이것을 유효하게 지배하고 있으며 해결해야 할 영유권 문제는 존재하지 않는다는 것, 우리나라의 입장이 역사적으로도 국제법적으로도 정당하다는 것을 그 위치와 범위와 함께 이해하는 것이 필요하다.

역사적 분야	영토의 획정 등을 취급하도록 할 것. 그때, 북방영토를 언급하면서 함께 죽도, 센카쿠제도의 편입에 관해서도 언급할 것.	'영토의 획정'에서는 러시아와의 영토 획정을 비롯하여 류큐 문제와 홋카이도 개척을 다룬다. 그때에 북방영토(하보마이군도, 시코탄, 구나시리, 에토로후)가 일관되게 우리나라 영토로서 국경 설정이 이루어졌다는 것에 대해서도 언급함과 동시에 죽도, 센카쿠제도에 대해서는 우리나라가 국제법상 정당한 근거에 의거하여 정식으로 영토 편입한 경위에도 언급하며, 이들 영토에 대해서 우리나라의 입장이 역사적으로도 국제법적으로도 정당하다는 것을 이해할 수 있도록 한다. 또 중국과 조선과의 외교도 다루도록 한다.
공민적 분야	우리나라가 고유의 영토인 죽도와 북방영토와 관하여 남아 있는 문제의 평화적인 수단에 의한 해결을 위해 노력하고 있다는 것과, 센카쿠제도를 둘러싸고 해결해야 하는 영유권 문제는 존재하지 않는다는 것 등을 거론할 것.	또한 '영토(영해, 영공을 포함), 국가주권'에 대해서는 관련시켜서 다루고, 우리나라가 고유의 영토인 죽도와 북방영토에 관하여 남아 있는 문제의 평화적 수단에 의한 해결을 위해 노력하고 있다는 것 등을 거론할 것. (중략) 그때 영토(영해, 영공을 포함)에 대해서는 지리적 분야에서의 '영역의 범위와 변화와 그 특색', 역사적 분야에서의 '영토의 획정' 등의 학습 성과를 참고하여 국가 간의 문제로서 우리나라에서도 고유의 영토인 죽도와 북방영토(하보마이군도, 시코탄, 구나시리, 에토로후)에 대해서 미해결 문제가 남아 있다는 것, 영토문제의 발생에서 현재에 이르는 경위, 및 도항과 어업, 해양자원개발 등이 제한되었으며, 선박의 나포, 선원의 억류가 행해지고 그 가운데 과거에는 일본 측에 사상자가 나왔거나 하는 등 불법점거 때문에 발생하고 있는 문제에 대한 이해를 근거로 우리나라의 입장이 역사적으로도 국제법적으로도 정당하다는 것, 우리나라가 평화적인 수단에 의한 해결을 위해 노력하고 있다는 것을 국가주권과 관련하여 이해할 수 있도록 한다. 또한 우리나라 고유의 영토인 센카쿠제도를 둘러싼 정세에 대해서는 현재에 이르는 경위, 우리나라의 입장이 역사적으로도 국제법적으로도 정당하다는 것에 대해서 이해를 근거로 센카쿠제도를 둘러싼 해결해야 할 영유권 문제는 존재하지 않는다는 것을 이해할 수 있도록 한다.

〈자료〉 고등학교 학습지도요령 및 해설

<table>
<tr><th>구분</th><th colspan="2">개정 학습지도요령
(2018년 3월 30일)</th><th colspan="2">구분</th><th>개정 학습지도요령 해설
(2018년 7월 17일)</th></tr>
<tr><td rowspan="4">지리 역사</td><td>세계사탐구
(선택)</td><td>해당 없음</td><td rowspan="3">역사</td><td>폐지</td><td>해당 없음</td></tr>
<tr><td>역사총합
(필수)</td><td>또한 일본의 국민국가의 형성 등의 학습에 있어서, 영토의 획정 등을 취급하도록 할 것. 그때, 북방영토를 언급하는 것과 함께, 죽도, 센카쿠제도의 편입에 관해서도 언급할 것.</td><td rowspan="2">역사총합/역사탐구</td><td rowspan="2">〈내용의 취급〉 일본의 국민국가 형성 등의 학습에서 영토 획정 등을 다루도록 할 것. 이때에 북방영토를 언급함과 동시에 죽도, 센카쿠제도의 편입에 대해서도 언급할 것.

〈유의점〉 '영토의 획정'에 대해서는 우리나라의 영토가 러시아 등과의 사이에서 국제적으로 확정된 것을 다룬다. 이때에 북방영토하보마이, 시코탄, 구나시리, 에토로후가 일관되게 우리나라 영토로 국경설정이 되었다는 것에 대해서도 언급함과 동시에 죽도, 센카쿠제도에 대해서는 우리나라가 국제법상 정당한 근거에 의거하여 정식으로 영토에 편입된 경위도 언급하고, 이들 영토에 대한 우리나라의 입장이 역사적으로도 국제법적으로도 정당하다는 것을 이해할 수 있도록 한다.</td></tr>
<tr><td>일본사탐구
(선택)</td><td>메이지 유신과 국민 국가의 형성 등의 학습에 있어서, 영토의 획정 등을 취급하도록 할 것. 그때, 북방영토에 대해 언급하는 것과 함께, 죽도, 센카쿠제도의 편입에 관해서도 언급할 것.</td></tr>
<tr><td>지리총합
(필수)</td><td>또한 우리나라의 해양 국가로서의 특색과 해양의 역할을 거론하는 것과 함께, 죽도와 북방영토가 일본의 고유 영토라는 것 등 우리나라 영역을 둘러싼 문제도 거론하도록 할 것. 그때, 센카쿠제도에 대해서는 우리나라의 고유영토이며, 영토문제는 존재하지 않는 것도 다룰 것.</td><td></td><td>지리총합/지리탐구</td><td>〈내용의 취급〉 '죽도'와 북방영토가 우리나라 고유의 영토라는 것 등, 우리나라의 영역을 둘러싼 문제도 거론하도록 할 것. 이때에 센카쿠열도에 대해서는 우리나라 고유의 영토이고 영토 문제는 존재하지 않는다는 것도 다룰 것.

〈유의점〉 우리나라가 당면한 죽도와 북방영토하보마이, 시코탄, 구나시리, 에토로후의 영토문제와 경제수역의 문제 등을 거론하고, 국경이 갖는 의의와 영토문제가 사람들의 생활에 미치는 영향 등을 고찰할 수 있도록 하는 것이 필요하다. 또 우리나라가 당면한 영토문제에 대해서는 죽도와 북방영토에 대해서 각각 현재 한국과 러시아 연방에 의해 불법으로 점거되고 있기 때문에, 죽도에 대해서는 한국에 누차에 걸쳐 항의를 하고 있다는 것,</td></tr>
</table>

	지리탐구(선택)	"영토 문제의 현상이나 요인, 해결을 위한 대응"에 대해서는, 그것을 다룰 때 일본의 영토문제에 대해서도 언급할 것. 또한 우리나라의 해양 국가로서의 특색과 해양의 역할을 거론하는 것과 함께, 죽도와 북방영토가 우리나라의 고유 영토라는 것 등, 우리나라의 영역을 둘러싼 문제도 거론하도록 할 것. 그때, 센카쿠제도에 대해서는 우리나라의 고유 영토이며, 영토문제는 존재하지 않는 것도 다룰 것.			북방영토에 대해서는 러시아 연방에 그 반환을 요구하고 있다는 것, 이들 영토문제에서 우리나라의 입장이 역사적으로도 국제법적으로도 정당하다는 것에 대해서 적확하게 다루고, 우리나라의 영토 · 영역에 대해서 이해를 깊게 하는 것도 필요하다.
공민	공공(필수)	"국가주권, 영토영해, 영공을 포함한다"에 관해서는 관련시켜 취급하고, 우리나라가 고유의 영토인 죽도와 북방영토에 관해 남아 있는 문제의 평화적 수단에 의한 해결을 위해 노력하고 있다는 것이나, 센카쿠제도를 둘러싸고 해결해야 할 영유권 문제는 존재하지 않는 것 등을 거론할 것.		공공정치경제	〈내용의 취급〉'국가 주권, 영토영해, 영공을 포함한다.'에 대해서는 관련시켜서 다루고, 우리나라가 고유 영토인 죽도와 북방영토에 관해서 남아 있는 문제의 평화적 수단에 의한 해결을 위해서 노력하고 있다는 것과, 센카쿠제도를 둘러싸고 해결해야만 하는 영유권문제는 존재하지 않는다는 것을 거론할 것. 〈유의점〉 이때에 영토영해, 영공을 포함한다.에 대해서는 중학교 사회과의 학습 성과를 토대로 국가 간의 문제로, 우리나라에서도 고유영토인 죽도와 북방영토하보마이, 시코탄, 구나시리, 에토로후에 관하여 미해결의 문제가 남아 있다는 것, 영토문제의 발생부터 현재에 이르는 경위, 및 도항과 어업, 해양자원개발 등이 제한되거나 선박의 나포, 선원의 억류가 실시되거나, 그 가운데 과거에는 일본 측에 사상자가 나온다거나 불법 점거 때문에 발생하고 있는 문제에 대한 이해를 근거로, 우리나라의 입장이 역사적으로도 국제법적으로도 정당하다는 것, 우리나라가 평화적인 수단에 의한 해결을 위해서 노력하고 있다는 것을 국가주권, 국제법 및 국제기구의 역할 등과 관련시켜서 이해할 수 있도록 한다.
	윤리(선택)				

	정치 경제 (선택)	"국가주권, 영토영해, 영공을 포함한다 등에 관한 국제법의 의의, 국제연합을 비롯한 국제기구의 역할"에 관해서는 관련시켜 취급하고, 우리나라가 고유의 영토인 죽도와 북방영토에 관해 남아 있는 문제의 평화적인 수단에 의한 해결을 위해 노력하고 있다는 것이나, 센카쿠제도를 둘러싸고 해결해야 할 영유권 문제는 존재하지 않는다는 것 등을 거론할 것.			

학습지도요령 및 해설의 영향

2017년과 2018년 초·중·고등학교 학습지도요령 및 해설에 독도에 관한 일본의 주장이 기술된 것은 어떠한 의미를 갖는 것일까? 다음과 같은 3가지 의미를 생각해 볼 수 있다.

첫째는 일본의 각급 학교 교육과정에서 독도 교육의 의무화와 그 기반이 완성되었다는 것이다. 학습지도요령에 대한 법적 근거는 일본의 학교교육법시행규칙에 있다. 동 법 시행규칙 제84조에는 교육 과정을 학교교육법시행규칙 및 문부과학성 장관이 공시하는 학습지도요령에 따르도록 규정하고 있다. 즉 학습지도요령은 교육 과정의 기준을 정한 것으로 법적 구속력을 갖는다. 학교 교육의 목적과 내용은 학습지도요령에서 정한 것을 따라야 한다. 그렇다면 그 교육 내용은 무엇인가?

학습지도요령에는 독도에 관한 일본의 입장이 역사적·국제법적으로 정당하다는 것에 기초하여 독도에 관한 교육을 시행하도록 하고 있다. 일본의 입장이라는 것은 독도는 일본의 고유 영토이며, 한국이 불법점거하고 있다는 것이다. 또한 독도에 관해서는 해결해야 할 영유권 문제가 있으며, 이 문제를 해결하기 위해 국제법상 분쟁의 평화적 수단에 의해 해결하자는 것이다.

독도 영유권에 관한 일본의 주장은 잘못된 것이며, 우리로서는 결코 받아들일 수 없다. 그럼에도 그와 같은 내용으로 일본의 미래세대를 교육한다는 것은 참으로 심각하고 불행한 일이다.

둘째는, 독도에 관한 한 근린제국조항近隣諸國條項은 사문화되었다는 것이다. 근린제국조항에는 초·중학교 사회과 또는 고등학교 지리역사과 부분에 명시되어 있는데, 그 내용은 "근린 아시아 여러 나라와 관련된 근현대의 역사적 사상事象을 기술하는 데 있어서 국제이해와 국제협조의 견지에서 필요한 배려를 할 것"으로 되어 있다. 일본은 1982년 일본 교과서 파동을 계기로 '교과용도서 검정 기준'에 근린제국조항을 신설하였다.

그런데 과거 일본의 '새로운 역사교과서를 만드는 모임' 등 보수 우익 성향의 단체나 일부 정치인들은 근린제국조항 삭제를 주장해 왔다. 이에 반해 한국에서는 근린제국조항 준수를 요구하며 교과서에 독도 왜곡 기술 중단을 요청했다. 하지만 일본이 초·중·고 교육 과정에 독도 교육을 의무화했다고 하는 것은 '근린제국조항 준수' 요구가 울림 없는 메아리에 불과함을 말해 주고 있다.

셋째, 독도에 관한 한 교과서 개선을 위한 노력도 크게 의미를 갖지 못하게 되었다는 것이다. 학습지도요령 및 해설에 독도가 기술되기 이전에는 교과서 회사나 집필진을 대상으로 한 교과서 개선 활동, 그리고 우익 교과서 불채택운동 등을 추진하였다. 하지만 이제는 그 운동들이 큰 의미를 갖지 못하게 되었다. 왜냐하면 독도에 관한 한 각급 학교의 거의 모든 사회과 교과서세계사탐구, 윤리 제외가 2005년 후쇼사 교과서보다 더한 내용으로 개악이 되었기 때문이다. 각 교과서 회사마다 독도 관련 내용이나 분량에서 정도의 차이는 있겠지만, 학습지도요령 및 해설에 따라 독도에 관한 일본의 입장을 기술하지 않으면 안 되는 것이 지금의 현실이다. 그야말로 초·중·고등학교 학습지도요령과 해설 개정은 일본 정부가 그동안 추진해 왔던 독도 교육 강화 내지는 독도 관련 국내적 여론 확산 기반을 완성한 것으로 해석된다.

일본 교과서가 독도 관련 사항에 미치는 영향

일본 교과서의 독도 기술은 미래세대인 학생들에게 '분쟁의 본질실체을 어떻게 볼 것인가'에 영향을 미친다. '분쟁의 본질이 무엇이냐'에 대한 고려는 '어떠한 방법을 사용하여 문제를 해결할 것인가' 하는 것을 판단하는 데 매우 중요하다.

갈등과 대립의 핵심적인 부분이 사실관계에 관한 견해 차이라면, '사실 조사'를 하는 것이 적절하다. 반면에 '과거에 무슨 일이 있었느냐' 보다 '앞으로 무엇을 해야 하느냐'에 초점을 두고 서로 다른 정책을 조율하는 것이라면 '조정調停'이라는 방법이 적절하다. 법적인 문제로 대립하는 경우에는 중재재판이나 사법재판이 적절할 것이다. 물론 대부분의 분쟁들은 사실관계, 법적 문제, 정책적 문제 등이 혼합되어 있기 때문에 한 가지 이상의 방법을 필요로 할 때가 많다.

한일 양국은 독도를 둘러싼 갈등과 대립에 있어서 '문제의 본질이 무엇이냐'에 대해 서로 다른 인식을 갖고 있다. 한국에서는 '독도 문제'의 본질을 일제의 한반도 침탈 과정에서 야기된 역사 문제라고 보는 반면, 일본에서는 독도 영유권에 관한 문제, 즉 영토 문제로 보고 있다.

'독도는 한국 땅'이라고 인식하는 한국 학생들은 일본의 주장이 억지이며, '일본이 러일전쟁 직후에 독도를 주인 없는 땅이라고 하여 침탈한 역사의 땅'으로 이해한다. 한국인에게 독도는 일본의 식민지배라는 불행했던 과거사를 투영해 주는 상징적 존재와도 같다. 하지만 일본 학생들은 교과서를 통해 '독도는 일본 고유의 영토, 한국이 불법점거하고 있다'고 교육을 받고 있다.

주목해야 할 것은 '독도 문제의 본질이 무엇이냐'에 따라 문제 해결 방법도 달라진다는 점이다. 역사 문제로 인식하는 한국은 '일본이 독도를 러일전쟁 직후에 침탈했다는 역사를 인정하고 독도에 관한 잘못된 주장을 중단하는 것'이 최상의 해결책이라고 생각한다. 이에 반해 영유권 문제로 인식하는 일본은 '국제재판소에 가서 독도가 한일 양국 중 어느 나라에 속하는지 판결을 받으면 해결된다'고 생각한다. 그러한 관점에서 쓰여진 일본 교과서는 한일 학생들간 '독도 문제'의 본질에 대한 인식 차이를 크게 벌어지게 한다. 그 영향으로 서로 만족할 만한 해결책을 찾지 못하게 하고 대립과 갈등을 지속시키는 부정적 효과를 초래하게 될 것이다.

일본 교과서에 기술된 독도 관련 내용은 한일관계를 대립과 갈등으로 몰아가면서, 과거사에 대한 공감대 형성을 어렵게 만들 것이다. 한국에서는 '독도 문제'를 한일관계 이상의 문제로 파악하기 때문에 한국인들에게 독도는 모든 사회적 관계를 원점으로 되돌려 놓는 폭발력을 갖는다. 독도는 한국인들에게 일제의 한국 침탈의 역사를 되새기게 하고, 주권수호의 상징과도 같은 존재이기 때문이다.

교과서는 공식적으로 입증된 지식을 한 세대에서 또 다른 세대로 전승시키는 역할을 수행한다. 그럼에도 독도의 진실을 외면하고 자신들의 주장과 논리에 일관한 교과서 기술은 한일 양국의 현재 세대뿐만 아니라 미래세대까지 "사실과 역사 인식"의 갈등을 증폭시켜 역사적·사회적 갈등을 영구화시킬 위험성이 있다.

윤영하 할아버지도 이러한 위험성을 감지했던 것이다. 그러기에 일본 사회의 독도에 관한 인식 변화는 결코 포기할 수 없는 사항이다. 결국 일본 사회에서 진실된 독도의 역사를 알리는 운동은 한일 간의 역사 갈등 해소와 상호 교류 진작으로 연결된다.

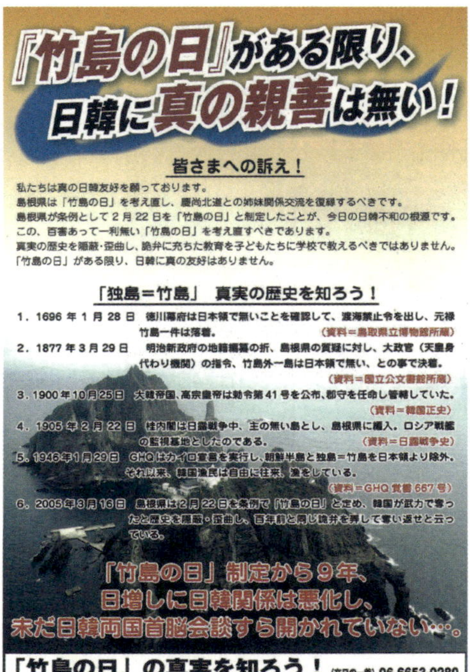

그림 7 | 시마네현 죽도자료실 앞에 서 있는 할아버지와 홍보전단지

할아버지는 2018년 '죽도의 날'에 독도 홍보 트럭을 타고 시마네현으로 갔다. 그곳에서 할아버지는 홍보전단지를 배부하다가 학생들을 만났다. 할아버지는 학생들이 당신의 이야기에 관심을 기울였다며 기뻐했다.

제 3 편

일본의 독도 주장과 비판

"독도 역사의 진실을 알자!"

독도의 진실, 6개항

일본 오사카에 있는 윤영하 할아버지 집 현관문 옆에는 작은 우편함이 있다. 그 우편함 위에는 작지만 당당하게 '죽도(독도)문제연구회'가 붙어 있다. 명패인 셈이다. 할아버지가 독도운동을 하면서 첫 번째로 만든 단체이다.

독도운동을 하기로 마음을 정한 할아버지는 도서관을 드나들며 자료를 모으고 밤낮없이 독도에 관한 공부를 하였다. 그리고 독도 관련 핵심 주장을 6개항으로 정리하였다. 이름하여 독도의 진실 6개항이다. 할아버지는 이 내용을 우편봉투 한 면에 써넣기도 하고, 홍보전단지로도 만들었다. 커다란 현수막으로도 만들어 차량에 붙이거나 야외에서도 사용할 수 있게 했다.

독도의 진실 6개항은 '독도=죽도 진실의 역사를 알자'라는 제목 아래에 적혀 있다. 독도에 관한 거짓의 역사가 아니라 독도에 관한 진실의 역사를 알자는 것이다. 그 내용은 다음과 같은데, 각각의 주장 뒤에는 근거 자료를 밝혀 놓았다.

독도=죽도 진실의 역사를 알자

1. 1696년 1월 도쿠가와 막부는 일본령이 아님을 확인하고 도해금지령을 내리고, 죽도일건울릉도쟁계을 해결하였다.자료: 돗토리현립박물관 소장

2. 1877년 메이지 10년 지적 편찬 때, 태정관메이지 일왕을 대신하는 기관이 죽도 외 일도는 일본령이 아니라고 지령을 내려 결정하였다.자료: 국립공문서관 소장

3. 1900년 10월 대한제국 고종 황제는 칙령 41호를 제정, 군수를 임명하여 독도를 관할토록 하였다.자료: 한국 정사

4. 1905년 2월 22일 카쓰라桂 내각은 독도=죽도는 주인 없는 섬이라 하여 시마네현에 편입, 러시아 함대 감시기지로 사용하였다.자료: 러일전쟁사

5. 1946년 1월 GHQ는 카이로 선언을 이행하고, 독도=죽도를 일본에서 제외, 그 후 한국 어민은 자유롭게 왕래, 어업을 하고 있다.자료: GHQ 각서 677호

6. 2005년 3월 시마네현은 2월 22일을 조례로 '죽도의 날'을 제정, 한국이 무력으로 탈취했다고 그럴 듯하게 위의 역사를 은폐·왜곡하고, 100년 전과 같은 궤변을 늘어놓으며 거듭 탈환하자고 말하고 있다.

* 이와 같은 잘못된 역사를 학교에서 바로잡아 주십시오.
* '죽도의 날'이 있는 한, 한일의 참된 친선은 없다.

독도=죽도·역사홍보사

할아버지가 정리한 6개항 내용을 조금 더 풀어보면 다음과 같다.

첫째, 17세기 말 일어난 울릉도 쟁계죽도일건에서 일본 도쿠가와 막부는 울릉도가 일본의 영토가 아니라는 것을 확인하고 울릉도 도해금지령을 내렸다. 이로써 울릉도 쟁계 문제가 해결되었는데, 이때 독도도 울릉도의 부속 도서로서 함께 다루어졌다.

둘째, 19세기 말 일본 메이지 정부의 지적 편찬사업 당시 울릉도 외 일도독도를 시마네현에 편입할 것인지가 문제가 되었다. 이에 1877년 일본 최고 행정기관인 태정관에서 '울릉도와 독도는 일본과 관계 없다'는 지령을 내렸다. 그래서 울릉도와 독도는 일본의 지적에 포함되지 않았다.

셋째, 1900년 10월 25일 대한제국 황제 고종이 칙령 제41호를 제정·반포하여 울릉도를 울도로 개칭하고 군으로 승격시켰다. 그때 칙령으로 울도군수가 독도를 관할토록 했다.

넷째, 1905년 1월 일본 정부는 독도를 주인 없는 섬이라 하여 각의 결정으로 시마네현에 편입시키고 러시아 함대를 감시하는 기지로 사용하였다.

다섯째, 1946년 1월 연합국 최고사령관은 카이로 선언 이행조치로 연합국 최고사령관 각서SCAPIN 제677호를 통해 독도를 일본의 통치 영역에서 제외하였다. 반면 한국 어민들은 자유롭게 독도를 왕래하며 어업을 하였다.

여섯째, 2005년 3월 시마네현 의회는 2월 22일을 '죽도의 날'로 하는 조례를 제정하고, 한국이 독도를 무력으로 탈취했다며 독도의 역사를 은폐·왜곡하고 있다. 그러면서 100년 전인 1905년 일본이 독도를 주인 없는 땅이라며 자국 영토로 강제 편입할 때와 같은 궤변을 늘어놓으며 탈환을 거듭 주장하고 있다.

할아버지는 이 전단지를 받은 사람들이 이 사실을 제대로 알고, 또 학교에서도 이를 제대로 가르칠 것을 바랐다. 또한 잘못된 역사에 기반한 '죽도의 날'은 우호적인 한일관계에 걸림돌이자 백해무익한 것이니 폐지되어야 마땅하다는 것이다. 할아버지는 이 6개항을 크게 출력하여 집 앞 창문에도 붙여 두었다. 그 독도 홍보판에는 할아버지의 전화번호도 적혀 있는데, 지나가는 사람들이 그것을 읽고 문의하는 경우도 있다. 그리고 할아버지가 아침이면 찾는 다방에서도 이 독도 홍보판에 관심을 갖고 묻는 일본인들도 있었다. 할아버지는 무척 기뻐하며 그들과 대화하기를 좋아했다. 할아버지는 자신의 설명에 공감하는 일본인들을 보고, 독도의 역사를 일본 사회에 알리는 것이 무엇보다 중요한 것임을 절실하게 느꼈다. 또한 비록 조그마한 성과이긴 하지만 그러한 홍보가 일본 사회의 변화도 일으킬 수 있겠다는 생각도 한 것이다.

그림 8 | 윤 할아버지 집 앞 창문에 붙어 있는 독도의 진실 6개항

지나가던 사람들 중에는 걸음을 멈춰 읽어보고, 또 문의를 하는 이들이 있다.

일본 외무성의 '10포인트'

윤 할아버지의 독도의 진실 6개항은 17세기 말부터 현대에 이르기까지 시기별로 중요한 독도의 역사를 고루 짚고 있다.

한편, 일본 외무성에서는 독도 영유권을 주장하기 위해 '죽도 문제에 관한 10개의 포인트' 홍보 팸플릿을 제작하였다. 이른바 '10포인트'라고 하는 이 팸플릿은 10개의 포인트를 한글, 영어 등 10개 외국어로 제작해 2008년 2월 배포하였다. 현재 일본 외무성 홈페이지에는 12개 언어로 일본의 주장을 홍보하고 있는데, '10포인트'도 여전히 제작하여 온라인과 오프라인을 통해 배포하고 있다. 일본 정부는 이를 주한 일본대사관 홈페이지에도 한글로 게재하고 있다.

일본에서 독도를 자국 영토라고 주장하는 중심에는 '10포인트'를 만든 일본 외무성이 있다. 일본 외무성은 홈페이지www.mofa.go.jp에 독도 관련 사이트를 별도로 만들어두고 동영상, 팸플릿 등 홍보 자료를 통해 독도에 관한 일본의 주장을 게시하고 있다. 그 사이트 첫 부분을 보면 '독도에 대한 일관된 입장'이라고 하여, 독도에 대한 일본 정부의 기본 입장 두 가지를 소개하고 있다. 첫째는 '독도는 역사적 사실에 입각해 보아도, 국제법상으로도 명백한 일본의 고유 영토'라는 것이고, 둘째는 '한국은 국제법상 아무런 근거도 없이 독도를 불법점거'하고 있다는 것이다. 일본의 초·중·고등학교 학습지도요령 및 해설과 외교청서도 이러한 입장에 기초하고 있다.

이러한 기본 입장에 기초하여 좀더 세부적으로 풀어놓은 것이 '10포인트'이다. 10포인트는 말 그대로 일본의 독도 영유권 주장을 10개항으로 정리한 것으로 그중 8개 항목이 독도가 일본 고유의 영토라는 것을 설명한 것이고, 2개 항목은 독도의 현재 상태와 해결 방안에 관한 내용이다.

'독도가 일본 고유의 영토'라는 주장은 모두 8개 항목으로 되어 있지만, 내용상으로 보면 9개 항목으로 나눌 수 있다.

① 일본이 독도를 옛날부터 인식하고 있었다.

② 한국이 옛날부터 독도를 인식했다는 근거는 없다.

③ 일본이 17세기에 영유권을 확립했다.

④ 17세기 말 울릉도 도항 금지 때에도 독도 도항은 금지하지 않았다.

⑤ 안용복의 진술에는 많은 의문점이 있다.

⑥ 1905년 독도 영토 편입 조치로 독도에 대한 영유 의사를 재확인했다.

⑦ 한국이 독도를 실효 지배했다는 근거는 없다.

⑧ 샌프란시스코 강화조약의 기초 과정에서 미국은 독도를

일본의 영토라고 인정했다.

⑨ 1952년 독도 폭격 훈련 구역 지정에서 일본 영토로 다루어졌다.

일본의 입장을 적극적으로 주장하는 내용이 6개항이고, 한국의 주장에 대해 근거가 없다며 부정하는 내용이 3개항이다.

일본 외무성의 '10포인트' 중 나머지 2개항은 독도의 현재 상태와 해결 방안에 관한 내용이다.

① 한국이 독도를 불법점거하고 있어 일본이 항의를 계속하고 있다.

② 독도 문제를 국제사법재판소에 회부할 것을 제안하고 있지만 한국이 이를 거부하고 있다.

이러한 일본 외무성의 '10포인트'에 대응하여 할아버지는 '독도의 진실 6개항'을 만들었다. 6개 항목 하나하나에 대해 자세한 설명을 덧붙이지 않았지만, 일본 내외에서 일본 외무성의 '10포인트'를 비판하는 내용과 크게 다르지 않은 것 같다.

다음은 일본 외무성의 '10포인트'와 그 주장의 부당성을 하나하나 살펴보고자 한다. 그 주장에 대한 비판을 보면 윤 할아버지가 6개항으로 정리한 '독도의 진실'에 대해서도 설명이 될 것이다.

Point ① 일본은 옛날부터 독도의 존재를 인식하고 있었는가?

일본은 "옛날부터 독도의 존재를 인식하고 있었다"고 주장한다. 그 증거로 나가쿠보 세키스이長久保赤水의 「개정 일본여지노정전도改正日本輿地路程全圖」1779년 초판를 제시하며, 경위도를 표시한 이 지도가 "울릉도와 독도를 한반도와 오키섬 사이에 정확하게 기록하고 있다"고 한다.

독도의 존재를 인지했다는 것과 독도에 대해 영유 의사를 가졌다는 것은 별개의 문제다. 예전부터 남의 집에 어떤 물건이 있다는 것을 인지하고 있었다고 해서 그 물건을 내 것이라 주장할 수는 없다는 것이다.

「개정 일본여지노정전도」는 일본이 독도 영유권 주장을 할 때 종종 내세우는 지도로 나가쿠보 세키스이가 그린 사찬지도이다. 1779년의 초판에는 울릉도와 독도가 조선 본토와 같이 채색되지 않은 상태로, 일본의 영역에 표시된 경위도선 밖에 그려져 있다. 그리고 울릉도와 독도가 죽도竹島, 또는 기죽도(磯竹島와 송도松島로 표기되어 있다. 당시 일본은 울릉도를 죽도로, 독도를 송도로 표기했다. 그 옆에는 "견고려 유운주 망은주見高麗猶雲州望隱州, 고려를 보는 것이 운주(雲州)에서 은주(隱州)를 바라보는 것과 같다"라는 문구가 적혀 있다. 이것은 1667년 『은주시청합기隱州視聽合紀』에서 유래

한 것이다.

『은주시청합기』는 일본에서 독도에 관해 기록한 가장 오래된 문서 중 하나로 지방 관리군다이[郡代]인 사이토 도요노부斎藤豊宣, 또는 사이토 간스케[斉藤勘助]가 1667년에 쓴 것이다. 그는 시마네현 마쓰에번松江藩 번사藩士로 오키섬의 관리로 부임하여 이 지역을 순시하며 보고 들은 바를 이 책에 기록하였다. 내용 중에는 울릉도와 독도에 관한 기록도 있다.

"북서 방향으로 2일 1야를 가면 송도松島, 독도가 있다. 그곳에서 다시 1일 정도 가면 죽도竹島, 울릉도가 있다. … 이곳에서 고려를 보는 것은 운주雲州에서 은주隱州를 바라보는 것과 같다. 그러한즉 일본의 서북한계는 이 주州까지로 한다."

『은주시청합기』는 일본의 서북한계를 "이 주此州" 곧 "은주오키섬"로 하였다. 곧 울릉도와 독도가 오키섬에 소속된 것으로 보지 않고 일본의 서북쪽 경계 밖에 존재하는 섬이라고 인식한 것이다.

1950년대 일본 정부가 『은주시청합기』의 내용을 독도 영유권 주장의 근거로 내세워 논란이 됐다. 일본은 이 책에 근거한 주장이 잘못되었음을 인지하고 지금은 언제 그런 주장을 했느냐는 듯 침묵하고 있다.

「개정 일본여지노정전도」 초판1779 직후인 1785년에 하야시 시헤이가 제작한 「삼국통람여지노정전도」일명 삼국접양지도에도 죽도울릉도와 송도독도가 표기되어 있으며, 그 옆에 '이 섬에서 은주

를 보고 또 조선도 본다'라고 적었다. 역시 『은주시청합기』에서 유래된 것임을 짐작할 수 있다. 더욱이 「삼국통람여지노정전도」에는 울릉도와 독도 옆에 '조선의 것朝鮮ノ持也'이라는 문구까지 추가로 표기되어 있다.

일본이 독도를 17세기 중엽부터 인지하고 있었다고 하더라도 그 소속은 일본 영역 밖에 존재하는 섬, 조선의 일부인 섬으로 인식하고 있었음을 알 수 있다. 또한 주목할 것은 울릉도와 독도는 '죽도와 송도'로 늘 짝을 이루는 하나의 세트로 인식했다는 점이다.

Point ② 한국이 옛날부터 독도를 인식하고 있었다는 근거는 없는가?

> 일본은 "한국이 옛날부터 독도를 인식하고 있었다는 근거는 없다"며, "한국이 독도라고 주장하는 우산도는 지금의 독도가 아니다"라고 주장한다. 그 근거로서 『신증동국여지승람』1531에 첨부된 지도「팔도총도」에 있는 우산도가 실재하지 않는 섬이라고 주장한다. 왜냐하면 본디 독도는 울릉도 동남쪽에 위치하기 때문에 울릉도와 한반도 사이에 그려진 우산도는 존재하지 않은 섬이라는 것이다.

1531년 『신증동국여지승람』의 「팔도총도」를 보면, 우산도가 울릉도 동쪽이 아니라 서쪽에 그려져 있고, 그 크기도 울릉도만

하다. 이 때문에 일본은 우산도가 실재하지 않는 섬이라고 주장한다. 이를 어떻게 보아야 할까?

어떤 이는 1454년 『세종실록』 「지리지」의 우산도 관련 기술을 따라 '우산도'와 '울릉도무릉도'를 지도상에 순서대로 표기했기 때문이라고 한다. 『세종실록』 「지리지」에는 '우산무릉 이도 재현정동해중于山武陵二島在縣正東海中'이라 하여 '우산도와 울릉도 두 섬이 울진현 동쪽 바다 가운데 있다'고 기록했다. 『세종실록』 「지리지」나 『신증동국여지승람』의 「팔도총도」는 우산도와 울릉도의 크기나 위치가 어떠하든 동해 가운데 있는 것으로 인식하고 있었으며, 모두 강원도 울진현에 속해 있음을 분명히 밝히고 있다. 측량 기술이 고도로 발달한 오늘날의 잣대로 16세기의 고지도를 보면 무리가 있다. 그러기에 '고지도는 보는 것이 아니라 읽는다'고 한다.

현존하는 18세기와 19세기의 지도를 보면 독도가 울릉도 동쪽에 있는 작은 섬으로 표기되었다. 그것은 18세기 중반 정상기의 「동국대지도」, 18세기 후반의 「아국총도」, 19세기 중반의 「해좌전도」, 1846년 「조선전도」 등에서 확인할 수 있다. 만약 「팔도총도」의 우산도가 실재하지 않는 섬이었다면 아예 지도에서 사라졌거나 다른 지명으로 바뀌었을 것이다. 우산도가 실재하는 섬이었기에 우산도라는 지명으로 18세기 이래 독도의 본래 위치인 울릉도 동쪽에 표기된 것이다. 이 같은 변화는 17세기 말 울릉도와 독도를 직접 방문한 안용복의 진술과 독도를 관측한 장한상 등 울릉도 수토관들의 보고 때문이다.

안용복은 1693년1차 도일과 1696년2차 도일 두 차례 일본으로 건너가는 과정에서 독도를 직접 보았다. 특히 1696년에는 우산도독도로 가서 일본인들을 내쫓기도 했다『숙종실록』, 『춘관지』. 일본의 기록에는 안용복이 울릉도에서 독도까지의 거리를 50리로 구체적으로 진술했다1696년 「원록구 병자년 조선주착안 일권지각서」.

1694년 울릉도를 수토搜討한 삼척 영장 장한상張漢相이 울릉도 정상인 성인봉에서 독도를 목격한 내용이 「울릉도 사적」에 기록되었다.

"동쪽을 바라보면 바다 가운데 한 섬이 보이는데 아득히 진방

그림 9 | 울릉도에서 바라본 독도

울릉도 깍개등 마을에서 저 멀리 수평선 너머로 독도가 보인다. 그 아래 마을은 울릉군청이 있는 도동리 마을이다.

辰方: 동남쪽에 위치하며, 그 크기는 울릉도의 3분의 1 미만이고, 거리는 3백여 리에 불과하다."

장한상이 본 것처럼 울릉도에서는 육안으로 독도를 볼 수 있다. 울릉도에서 독도가 보인다는 것은 우리나라가 옛날부터 독도를 인지했다는 것을 나타내는 실증적인 근거이다. 동북아역사재단은 2008년 7월부터 2009년 12월까지 1년 6개월 동안 '독도 가시일수 조사'라고 하여 울릉도에서 독도를 육안으로 관측하는 조사를 실시하였다. 그 결과 총 56회 관측되었으며, 울릉도 주민들의 주거지역에서는 월 평균 3~4회 이상 관측되었다. 그러기에 한국이 독도를 인지하지 못했다는 주장은 이치에 맞지 않는다.

Point ③ 일본은 과연 17세기 중엽에 독도 영유권을 확립했는가?

> 일본은 "울릉도로 건너갈 때 중간 정박장으로, 또한 어채지로 독도를 이용하여 늦어도 17세기 중엽에는 독도의 영유권을 확립했다"라고 주장한다. 그 배경에는 "일본이 17세기 막부로부터 도해渡海면허를 취득하여 울릉도를 독점적으로 이용하는 기간에 독도 영유권을 확립했다"는 것이다.

일본이 17세기 중엽 독도 영유권을 확립했다는 주장에 근거는 있는가? 이 주장을 살펴보면 두 가지 근거에 기반한 것을 알 수 있다.

첫째, 일본 어민들이 막부로부터 울릉도뿐만 아니라 독도 도해면허를 받았다는 것이다. 하지만 막부가 독도만을 대상으로 도해면허를 주었다는 것을 뒷받침하는 확실한 증거는 없다. 당시 일본 어민들은 울릉도 어업을 목표로 도해를 하였고, 정박할 곳이 제대로 없는 독도를 목표로 바다를 건너지는 않았다고 보는 것이 더 설득력이 있다.

둘째는 울릉도로 건너가는 과정에서 독도를 항행의 목표, 정박 장소, 강치를 잡거나 전복을 채취하는 장소로 이용했다는 것이다. 그러나 이것만으로 독도의 영유권을 확립했다고 하는 것은 곤란하다. 일본의 어느 학자도 주장한 바와 같이 일본의 이러한 행위는 남의 집에 들어가 남의 물건을 가지고 오는 것이나 마찬가지다.

17세기 말 울릉도 쟁계1693~1699에 나타난 것처럼 일본은 울릉도 영유권 주장을 치열하게 제기하였다. 하지만 조선 정부의 강력한 반대에 부딪혀 그 주장을 포기하고 울릉도 도해금지 명령을 내렸다.

1695년 12월 24일 도쿠가와 막부는 돗토리번鳥取藩에 질문지를 보내어, 울릉도가 마치 일본의 섬 인냥 '울릉도가 언제부터 돗토리번에 속하였는지'를 질의하였다. 이에 대해 돗토리번은 1695년 12월 25일 자로 답변을 보내어 울릉도와 독도가 돗토리번, 곧 이나바 지방因幡國과 호키 지방伯耆國에 속하는 섬이 아님을 분명히 하였다.

"죽도울릉도는 이나바因幡와 호키伯耆에 속하는 섬이 아닙니다. (중략) 죽도울릉도와 송도독도 외에도 양국에 속하는 섬은 없습니다."

돗토리번의 「답변서」에 기초하여 당시 일본의 최고 권력기관인 도쿠가와 막부는 1696년 1월 일본 어민들의 울릉도 도해를 금지하는 명령을 내렸다.

1667년 『은주시청합기』에서 보는 바와 같이 오키섬의 지방관리도 일본의 한계는 오키섬까지이며, 울릉도와 독도는 일본의 영역 밖에 있는 섬으로 인식했다. 더욱이 17세기 중엽 일본 정부가 독도 영유 의사를 표시했다거나 독도를 일본의 영토로 영유했다는 어떠한 증거도 찾을 수 없다. 그러기에 17세기 중엽 일본이 독도 영유권을 확립했다는 주장은 설득력이 없다.

Point ④ 일본은 울릉도 도해만 금지하고, 독도 도해는 금지하지 않았는가?

> 일본은 "1696년 울릉도의 귀속을 둘러싼 한일 간 교섭이 결렬되자, 막부는 조선과의 우호관계를 존중하여 울릉도 도해를 금지했지만, 독도 도해는 금지하지 않았다"고 주장한다.

일본은 울릉도 도해금지와 달리, 독도 도해는 금지하지 않았다고 주장한다. 그러나 그에 대한 구체적인 증거는 없다. 반대로 1740년 「무라카와가村川家 문서」에 관한 최근 연구를 보면, 17세기 말 도해금지령을 내릴 때 울릉도뿐만 아니라 독도도 포함되었음을 밝히고 있다.

일본인들은 17세기 이래 독도를 울릉도에 부속된 섬 또는 울릉도와 일체를 이루는 섬으로 다루었다. 즉 "울릉도 내 독도竹島之內松島", "울릉도 근방의 독도竹島近邊松島", "울릉도 가까운 곳에 있는 작은 섬竹島近所之小島"이라고 표현하였다. 또 한 예로, 17세기 울릉도에서 불법어업을 했던 요나고米子의 오야大谷, 무라카와村川 두 가문은 1696년 1월 도해금지 조치 후 사업이 어려워졌는데, 이는 17세기 당시 일본 어민들의 실질적인 어업대상지가 울릉도였음을 알려주는 것이며, 독도만을 대상으로 한 도해는 이루어지지 않았음을 말해 준다.

도쿠가와 막부의 울릉도 도해금지령은 울릉도와 독도 두 섬이 일본의 영지가 아니라고 한 1695년 12월 돗토리번의 「답변서」에 기초하여 이루어졌다. 또한 1870년 일본 외무성의 「조선국 교제시말 내탐서」에는 "죽도울릉도·송도독도가 조선에 속하게 된 사정"이란 내용과 1877년 메이지 정부의 최고 행정기관인 「태정관 지령」에는 "죽도울릉도 외 일도一島, 독도 건에 대해 본방本邦, 일본은 관계가 없다는 점을 명심할 것"이라는 내용이 적혀 있다. 이 문서

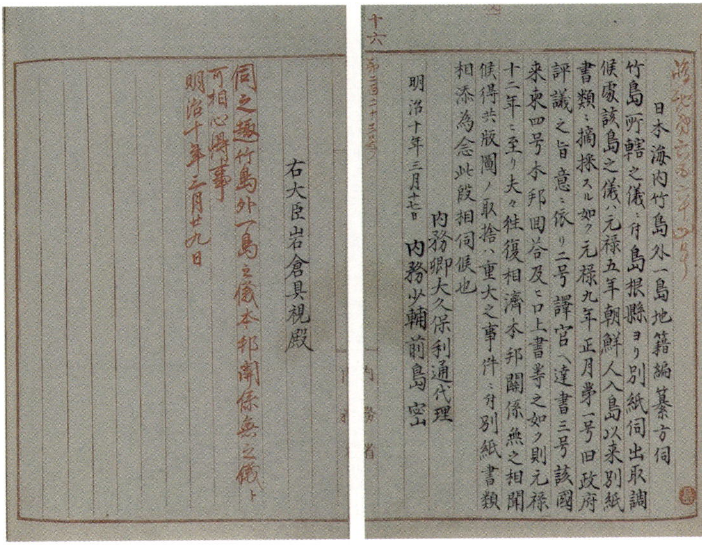
日本海内竹島外一島地籍編纂方伺
竹島所轄之儀ニ付島根縣ヨリ別紙伺出取調候處該島之儀ハ元禄五年朝鮮人入島以来別紙書類ニ摘採スル如ク元禄九年正月第一号旧政府評議之旨意ニ依リ二号譯官ヘ達書三号該國来柬四号本邦回答及ヒ口上書等之如ク則元禄十二年ニ至リ夫々往復相濟本邦關係無之相聞候得共版圖ノ取捨ハ重大之事件ニ付別紙書類相添為念此段相伺候也
明治十年三月十七日
内務卿大久保利通代理
内務少輔前島密
右大臣岩倉具視殿
伺之趣竹島外一島之儀本邦關係無之儀ト可相心得事
明治十年三月廿九日

그림 10 | 1877년 「태정관 지령」붉은 글씨

1877년 일본 메이지 정부의 최고행정기관인 태정관은 "죽도울릉도 외 일도一島: 독도의 건에 대해 본방일본은 관계가 없다는 것을 명심할 것"이라는 지령을 내렸다.

들 역시 17세기 말 울릉도 쟁계를 역사적 배경으로 울릉도와 독도가 짝을 이루는 섬으로서 일본의 영토가 아니라 조선의 영토임을 말하고 있다. 따라서 17세기 일본의 울릉도 도해금지령은 울릉도에만 국한된 것이 아니라 독도까지 포함한 것으로 보는 것이 타당하다. 일반적으로 작은 섬은 이웃하는 큰 섬에 그 운명이 달려 있는 것처럼 독도는 역사적·지리적으로 울릉도와 운명을 같이해 왔다.

Point ⑤ 일본은 왜 안용복의 진술을 거짓이라 주장하는가?

> 일본은 "안용복의 진술을 보면, 그가 에도 막부로부터 울릉도와 독도가 조선령이라는 서계를 받았으며, 1696년 울릉도에 다수의 일본인들이 있었다는 등 사실과 일치하지 않는 점들을 많이 볼 수 있다"며, "한국은 그러한 잘못된 내용을 독도 영유권의 근거로 인용하고 있다"고 주장한다.

일반적으로 영유권 주장의 근거가 될 수 있는 것은 민간인의 행위가 아니라 국가의 행위이다. 곧, 증거로서 의미가 있는 것은 국가의 의사표시이고 국가 기능의 행사입법·행정·사법이다. 하지만 민간인들의 행위라고 하더라도 당해 국가가 그 지역에 대해 제정한 법률하에서 이루어진 경우라면 영유권 주장의 근거가 될 수 있다.

그런데 안용복의 활동을 영유권 주장의 근거로 내세울 수 있느냐를 논하기 전에 주목해야 할 것이 있다. 17세기 울릉도를 둘러싼 논쟁은 안용복의 활동이 계기가 되었지만 엄연히 한일 양국 정부간 교섭의 결과로 종결되었다는 점이다. 일본이 안용복의 진술이 거짓이라면서 논란을 불러일으키는 것은 문제의 본질을 호도하려는 뜻이 숨어 있다. 일본 외무성은 1695년 돗토리번의 「답변서」를 비롯하여 1870년 「조선국 교제시말 내탐서」, 1877년 「태정관 지령」 등 과거 일본의 지방 및 중앙 정부가 '울릉도와 독도는 일본의 영토가 아니다'라고 내놓은 공식 입장에 대해서는 철저히 침묵하거나 은폐하고 있다. 일본 외무성 홈페이지 어디에도 이러한 역사적 사실에 대해 언급조차 하지 않고 있다. 그러면서도 안용복의 활동 중 아주 지엽적인 문제를 침소봉대하여 논란을 키우고 있다. 과연 일본의 주장대로 안용복의 진술이 모두 거짓인가?

안용복의 행적과 관련하여 2005년 일본 오키섬에서 의미 있는 문서가 발견되었다. 바로 「원록구 병자년 조선주착안 일권지각서 元祿九丙子年朝鮮舟着岸一劵之覺書: 이하 원록각서」로서 1696년 안용복이 오키섬에 도착했을 때 일본이 조사하여 기록한 보고서다. 이 문서를 보면, 안용복이 울릉도와 독도를 조선의 영토로 분명하게 인식하고 있었음을 알려준다. 이 보고서에 따르면 안용복은 독도를 '자산도'라고 했고, '자산도'의 지리적 위치를 거리 단위를 사용하여 구체적으로 표시했다. 당시 안용복은 소지하고 있던 '조선팔도의 지도'를 일본 관리에게 주었는데, 그 지도의 내용이 원록각서에 '조선의 팔도'라는 제목으로 적혀 있다. 그 지도의 '강원도' 부분을 보면, "이 도道 중, 죽도울릉도와 송도독도가 있다"고 기록되어 있다. 다른 도道와 달리 '강원도'에만 특별히 이러한 문구를 적은 것은 당시 안용복이 일본에 온 목적이 울릉도와 독도의 소속을 분명히 하기 위함임을 짐작하게 한다. 1696년 『숙종실록』권34, 숙종 22년이나 『춘관지』를 보면, 안용복의 도일활동을 자세히 소개하고 있는데, 그중에서 일본인들을 향한 발언이 의미심장하다.

"송도는 우산도인데, 우산도도 우리나라 국경이라는 것을 듣지 못했느냐!"『춘관지』 당시 일본인들은 독도를 송도마쓰시마로, 조선인들은 우산도라고 했다. 그 우산도가 조선의 영역이라는 것이다.

안용복에 관한 기록은 『숙종실록』, 『승정원일기』, 『춘관지』 등 조선의 관찬 문서에도 있고, 『죽도기사』, 『인부연표』, 『죽도고』 등 일본 문서에도 있다. 일본이 특별히 안용복의 활동에 문제를 제기하는 것은 그가 직접 독도를 목격하고, 독도에 있던 일본인들을 퇴거시키고, 일본까지 건너가서 일본 관리들과 담판을 한 모든 활동이 조선의 독도 인식과 연결되는 중요한 단서이기 때문이다. 일본으로서는 한국이 예로부터 독도를 인지하지 못했다고 주장하기 위해서는 안용복의 진술이 모두 거짓이라고 해야만 하는 것이다. 하지만 안용복의 행적은 엄연히 역사에 기록된 사실이다.

Point ⑥ 일본의 독도 영토 편입 조치는 독도에 대한 영유 의사를 재확인한 것인가?

① 일본은 "1905년 1월 각의 결정으로 독도에 대한 영유 의사를 재확인하였으며, 그해 2월 시마네현 지사는 독도를 다케시마竹島로 명명하고, 오키도사의 소관이 되었음을 고시하였다"고 주장한다.

1905년 소위 일본의 독도 영토 편입 조치를 독도에 대한 영유 의사 '재확인'이라고 주장한다. 과연 일본은 그 전 어느 시기에 독도에 대한 영유 의사를 표시한 적이 있었는가?

그런 적이 없다. 오히려 1905년 이전에는 독도가 일본의 영토가 아니라는 점을 명확히 했을 뿐이다. 과거 일본 정부는 1870년 「조선국 교제시말 내탐서」, 1877년 「태정관 지령」 등에서 독도를 일본의 영토가 아니라 조선의 영토로 다루었다. 또한 1877년 일본 육군참모국의 「대일본전도」, 1879년과 1881년 내무성 지리국의 「대일본부현관할도大日本府縣管轄圖」, 1880년 내무성 지리국의 「대일본국전도」 등 일본 정부에서 발행한 지도에도 독도는 일본의 영역으로 표시되어 있지 않다. 오히려 1876년 일본 해군성이 제작한 「조선동해안도」에서 보는 바와 같이 조선의 영역에 포함시키고 있다. 이처럼 1905년 전에 일본이 독도에 대해 영유 의사를 표시한 적이 없기 때문에 1905년에 영유 의사를 재확인했다고 주장하는 것은 이치에 맞지 않는다.

그렇다면 1905년 일본의 독도 영토 편입 조치는 처음부터 독도에 대한 영유 의사를 재확인하는 행위였을까?

그렇지 않다. 1905년 일본 정부는 무주지 선점론에 근거하여 독도가 임자 없는 땅이어서 다른 국가에 앞서 자국의 새로운 영토로 취득한다는 입장이었다.

하지만 1952년 이후 일본은 한일 간 외교적 논쟁 과정에서 자기모순을 발견하였다. 한편으로 1905년에는 독도가 임자 없는 땅이기 때문에 취득했다는 무주지 선점론을 주장하고, 또 한편으로는 예로부터 자기의 땅이었다고 하는 고유영토설을 내세웠기 때문이다. 그래서 1905년 편입 조치는 무주지 선점론에 근거한 것이 아니라 일본의 영토였던 독도에 대한 근대적 행정 조치로서 '영유 의사를 재확인'한 것이라며 말을 바꾸었다. 그러면서 독도를 일본 고유의 영토라고 주장하였다. 최근에는 독도가 예로부터 일본의 땅이어서 고유 영토라는 개념을 수정한 상태다. 이제는 '이전에 타국이 한 번도 점령한 적이 없는 영토'를 고유 영토라며 독도가 그에 해당한다고 주장한다. 이는 1905년 독도가 무주지여서 자국의 영토로 편입했다는 주장도 고유 영토로 설명하기 위한 꼼수에 불과한 개념 정의다. 이렇게 일본이 말을 바꾸는 그만큼 영유권 주장의 근거가 빈약하다는 것을 보여 줄 뿐이다.

② 일본은 '독도 편입을 당시 신문에 게재하여 일반에게 널리 전했다'고 주장하고, 1905년 편입 조치 이후 "독도를 관유지대장에 등록하는 동시에, 독도의 강치 포획을 허가제로 하여 1941년 제2차 세계대전으로 중지될 때까지 계속했다"고 주장한다.

일본이 독도를 편입한 1905년은 러일전쟁 중이었다. 일본은 1904년 2월 제1차 한일의정서 체결을 강제하여 독도뿐만 아니라 한반도 전체를 전쟁기지로 이용하였다. 이러한 상황에서 일본의 조그마한 지방 신문에 난 것을 한국이 알고도 묵인했다고 말하는 것은 억지다.

독도가 일본에 편입된 사실은 1906년 3월 시마네현 관리들이 울릉도를 방문하면서 한국에 알려졌다. 그 이야기를 들은 울도군수 심흥택沈興澤은 독도를 자신이 관할하는 '본군울도군 소속'이라며, 일본 관리들이 독도 편입을 운운한 사실을 강원도 관찰사와 중앙정부에 신속히 보고하였다. 이때 울도군수가 독도를 일본의 땅이라고 생각하였으면 그런 보고는 하지 않았을 것이다.

보고를 받은 의정부 참정대신은 '독도가 일본 영토라는 설은 전혀 근거가 없는 것'이라며, 지령제3호을 내려 사실관계를 다시 조사할 것을 지시하였다. 하지만 한국 정부는 이미 1905년 11월 을사늑약으로 외교권이 박탈된 상태였고, 또 통감부에 의해 통제되고 있었기 때문에 어떠한 외교적 항의도 할 수 없었다. 당시 1906년 5월 1일 자 『대한매일신보』와 『제국신문』, 그리고 1906년 5월 9일 자 『황성신문』에서 관련 사실을 보도하며, 일본의 '독도 편입'이 전혀 이치에 맞지 않는다고 한 내부의 판단도 전했다.

이와 함께 일본이 한국 강점기에 일본 어민들이 독도에서 강치잡이를 한 것을 두고 독도를 평화적으로 또 지속적으로 지배했다고 주장하는 것은 어불성설이다. 왜냐하면 일본 어민들은 일제강점기에 한국과 일본 열도 어느 곳이든 마음대로 사용할 수 있었기 때문이다. 그들이 독도에서 강치잡이를 한 것은 일제강점기에 일시적으로 한 것에 불과하다. 제2차 세계대전 패전 후에는 연합국 최고사령관 각서SCAPIN 제677호 등 전후 조치에 의해 일본 어민들은 더 이상 독도에 접근할 수 없었다.

Point ⑦ 1900년 대한제국 칙령 제41호의 석도는 독도가 아니며, 또 한국은 독도를 영유한 적이 없는가?

> ① 일본은 "1900년 대한제국 칙령 제41호에 규정된 석도가 오늘날의 독도라면 왜 독도라는 명칭을 사용하지 않고 석도라는 명칭을 사용하였는가, 아니면 한국이 독도라고 주장하는 우산도라는 명칭은 왜 사용하지 않았는가?"라고 주장한다.

이 문제의 포인트는 1900년 대한제국 칙령 제41호에 나오는 석도는 '어떤 섬을 가리키는가'이다. 1900년 10월 25일 제정된 칙령 제41호에는 울도군수가 울릉전도, 죽도, 석도를 관할할 것을 규정하고 있다. 울릉전도는 울릉도 본섬을 의미하며, 죽도는 울릉도 본섬에서 2km 떨어져 있는 대나무가 나는 섬으로 대섬의 한자식 표기다. 울릉도 주민들은 한글명으로 '대섬'이라고도 한다.

1794년 울릉도 수토관월송만호 한창국의 보고에 따르면 당시 이 섬을 죽도라고 표기하였다. 울릉도 부속섬 중 사람이 거주할 수 있을 섬은 모두 3개가 있는데, 죽도대섬와 독도독섬, 그리고 관음도깍개섬이다. 그렇다면 칙령 제41호에 나오는 석도는 독도나 관음도를 가리키는 지명이 될 것이다.

먼저 관음도를 보면, 울릉도 본섬에서 약 100m 정도 떨어져 있고 지금은 연육교로 연결되어 있다. 1882년과 1900년의 울릉도 관련 지도와 문헌을 보면 관음도가 도항島項, 섬목 또는 도목島牧, 섬목으로 표기되어 있다. 1902년 울릉도 주재 일본 경찰의 보고서에는 "한국인들은 '도목島牧, 섬목'이라고 하고 일본인들은 '관음도'라고 칭한다"는 내용이 있다. 울릉도 주민들 사이에서는 깍새슴새가 사는 섬이라고 해서 깍개섬깍새섬이라고도 불렸다. 관음도가 석도로 불린 적은 1900년 이전에도 또 이후에도 없었다.

이러한 울릉도의 지리적 상황을 볼 때 석도는 독도를 가리킨다고 볼 수밖에 없다. 석도를 독도로 보는 데는 또 다른 이유가 있다. 석도라는 지명은 돌섬을 뜻하는데, 독도도 같은 '돌섬'에서 유래되었다. 돌로 되어 있는 독도의 형상을 따라 붙인 것이다. 독도는 울릉도 주민들이 호칭하는 독섬돌섬의 음을 따라 표기한 것이다. '돌'을 '독'이라고 하는 지방 사투리로 '돌섬'을 '독섬'이라 불렀던 것이다.

그러면 칙령 제41호에는 왜 석도라고 표기했을까?

1900년 5월 대한제국 내부 관리 우용정禹用鼎의 울릉도 현지조사를 바탕으로 칙령 제41호가 제정되었다. 이때 울릉도라는 지명을 '울도'로 바꾸고 또 독도에도 '석도'라는 새로운 지명을 붙였다. 당시 울릉도 주민들은 독도를 독섬돌섬 또는 독도이라고 불렀는데, 석도는 그 뜻을 따서 한자로 표기한 것이다.

이 모든 논의를 접고 "칙령 제41호에서 왜 독도를 석도라고 표기하고, 또 우산도라고 표기하지 않았는가"라는 질문에 되묻고 싶은 게 하나 있다. "서기 512년 신라의 울릉도 복속 때부터 사용해 오던 '울릉도'라는 지명을 왜 갑자기 칙령 제41호에서 '울도'라는 지명으로 바꾸었는가?" 하는 것이다. 국가는 그 영역 내에 있는 울릉도의 지명을 '무릉도'로 하든, '울도'로 하든 지명에 대해서는 전속적 권한을 갖고 있다. 따라서 이 문제에서 중요한 것은 지명이 우산도로 표기되든, 석도로 표기되든 그것이 독도를 가리킨다는 사실이다.

② 또한 일본은 "석도가 독도라 하더라도 칙령 공포를 전후하여 한국이 독도를 실효적으로 지배했던 사실이 없어 한국의 독도 영유권은 확립되지 않았다"고 주장한다.

한국은 1900년 칙령 제41호를 통하여 비로소 독도에 대한 영유권을 확립한 것이 아니다. 이미 그 전에 독도는 우산도라는 지명으로 강원도 울진현 소속으로 다루어져 왔으며, 1900년 칙령 제41호를 통하여 울릉도가 군으로 승격될 때 울도군수의 관할구역으로 규정되었다.

그리고 국제법상 실효적 지배는 물리적 정착이나 점유만을 의미하는 것이 아니다. 극지 같은 곳이나 먼 바다의 작은 섬들인 경우 국가 기능입법·행정·사법의 행사가 제한적일 수밖에 없다. 오랫동안 무인도로 존재한 독도의 경우에도 요구되는 실효적 지배는 사람이 상주하던 큰 섬에 요구되는 것보다 상대적으로 낮을 수밖에 없다. 이는 동그린란드Eastern Greenland 사건, 클리퍼튼Clipperton 섬 사건 등 영유권 관련 국제판례에서도 확인할 수 있다.

독도는 오랫동안 울릉도의 부속섬이자 울릉도와 하나의 세트로 다루어져 왔으며 한국이 계속적이고도 평화적으로 영유해 왔다. 1882년 울릉도 개척령 반포 직후 울릉도에 입도하여 거주한 울릉도 주민홍재현도 "독도가 울릉도의 속도라는 것은 주지의 사실"이라며 1947년 울릉도를 찾은 외무부 관리에게 다음의 증언을 하였다.

"독도가 울릉도의 속도라는 것은 본도 개척 당시부터 도민이 주지하는 사실입니다. … 나도 당시… 미역 채취, 강치 포획차 왕복한 예가 있습니다. … 독도는 날씨가 청명한 날이면 본도에서 분명히 조망할 수 있고, 또 본도 동해에서 표류하는 어선은 예로부터 독도에 표착하는 일이 종종 있었던 관계로 독도에 대한 도민의 관심은 심절深切한 것입니다."

Point ⑧ 샌프란시스코 강화조약 기초 과정에서 미국은 독도가 일본의 관할하에 있다고 해서 한국의 요구를 거부했는가?

> 일본은 "1951년 8월 미국의 러스크 극동 담당 국무차관보가 한국의 양유찬 주미대사에게 보낸 서한에서 독도에 관해 '우리들의 정보에 의하면 통상 사람이 살지 않는 이 바위섬은 조선의 일부로 취급된 적이 결코 없으며, 1905년경부터 일본의 시마네현 오키도 지청의 관할하에 있다'고 하여 독도가 일본의 영토라는 것을 긍정하였다"고 주장한다.

1951년 소위 러스크 서한은 '우리들의 정보에 의하면'이라는 제한을 두고 있는데, 이것은 1947년 이후 일본이 제공한 일방적이고 잘못된 정보에 근거한 것이다. 또한 러스크 서한은 당시 일본은 물론이고 제3국에도 공개되지 않았으며, 그 내용은 샌프란시스코 강화조약에도 반영되지 않았다. 오히려 샌프란시스코 강화조약 체결 준비 과정을 보면, 당초에 미국은 독도를 한국의 영토로 인정했으며 일시적인 태도 변화는 일본의 잘못된 정보에 근거한 것이다. 그 후 미군이 한국의 요청으로 독도를 폭격연습지에서 해제하는 것 등을 보면 독도에 대한 한국의 관할권을 실질적으로 인정했음을 알 수 있다.

독도는 카이로선언, 포츠담선언, 연합국 최고사령관 각서SCAPIN

제677호 등 전후 연합국의 정책에 따라 점령 기간 내내 일본에서 분리 취급되었다. 특히 SCAPIN 제677호는 '독도Liancourt Rocks, 竹島'를 울릉도·제주도와 함께 일본의 통치영역에서 제외됨을 명시했다.

1945년 9월 연합국은 일본을 점령한 직후 일본 선박의 어로활동을 제한하기 위해 일본 열도 주변에 맥아더라인을 설정하였다. 맥아더라인은 SCAPIN 제1033호1946년 6월 22일, SCAPIN 제2046호1949년 9월 19일 등을 통해 몇 차례 변경이 되었으나 독도는 계속 맥아더라인 밖에 있어서 일본 어선들의 접근은 제한되었다.

1951년 9월 8일 샌프란시스코 강화조약 체결 후 1951년 10월 22일에 개최된 일본 중의원 특별위원회에서 일본 외무정무차관 구사바 류우엔[草葉隆圓]도 "현재 점령하의 행정구획에는 독도가 제외"되어 있음을 확인하였다. 그 진술의 배경이 된 「일본영역참고도」1951와 「일본영역도」1952에서도 독도가 일본의 영역에서 제외되어 있음을 확인할 수 있다.

이처럼 독도는 연합국의 일본 점령 기간1945~1952 내내 일본의 영역에서 배제되어 있었다. 1952년 4월 28일 발효된 샌프란시스코 강화조약에는 일본이 포기해야 할 한국 영토로서 한반도와 그 부속섬인 제주도, 울릉도, 거제도만을 규정하였다. 이는 한국의 대표적인 섬들만 규정한 것이다. 샌프란시스코 강화조약에서는 SCAPIN 제677호 등 기존의 연합국 정책을 정지시키거나 뒤집는 어떠한 내용도 규정하지 않았다. 오히려 전후 연합국의 정책을 계승한다는 점을 분명히 규정하고 있다.

제2차 세계대전 이후부터 지금까지 독도는 어떠한 현상 변경도 없이 한국이 계속적으로 영유하며 국가 기능을 실질적으로 행사해 오고 있다.

Point ⑨ 독도가 미일행정협정에 의해 미군의 폭격연습지로 지정된 것은 독도가 일본의 영토임을 보여 주는 것인가?

> 일본은 "독도가 미일행정협정에 의해 주일미군의 폭격연습지로 결정되었는데, 이것은 독도가 일본의 영토임을 보여 주는 증거"라고 주장한다.

독도가 미일행정협정에 따라 주일미군의 폭격연습지로 지정된 것은 1952년 7월이다. 한국에서 이 사실을 알게 된 것은 1952년 9월이었다.

1952년 9월 독도에서 폭격이 3차례나 있었다. 9월 15일 독도에서 조업을 하던 한국 어선이 폭격 때문에 조업을 중단하고 울릉도로 피난했다. 9월 22일과 24일 한국의 독도학술조사단이 독도에 입도하려고 할 때마다 독도 상공에 비행기가 나타나 폭탄을 투하

하는 일이 벌어졌다.

1952년 11월 한국 당국에서 미군에 조회한 결과, 독도가 폭격 연습지로 지정되어 있다는 사실을 알게 되었다. 한국 정부에서는 독도에서 이루어지는 폭격 연습을 중단하고 폭격연습지에서 제외할 것을 요구하였다. 1952년 12월 미군은 한국 정부의 요구를 받아들여 독도를 폭격연습지에서 제외하고 1953년 2월 한국 정부에 그 사실을 공식적으로 통보했다.

이처럼 독도가 폭격연습지에서 해제되는 과정을 보면, 실질적으로는 미국이 독도를 한국의 영토로 다루고 있음을 알 수 있다.

1951년 유엔군사령부UNC 및 미공군은 이미 독도 상공을 한국의 공역空域으로서 한국의 방공식별구역KADIZ에 포함시키는 조치를 취한 바 있었다. 또한 1948년 6월 8일 미공군의 폭격 연습으로 독도에서 조업을 하던 한국 어민 14명이 사망하는 사건이 일어나 독도에서 행하는 폭격 연습을 중단한 바도 있었다.

그럼에도 1952년 7월 독도가 폭격연습지로 지정되는 데는 일본의 적극적인 개입이 있었기 때문이다. 1952년 1월 한국 정부가 평화선을 선포하여 독도가 한국의 주권이 미치는 영토임을 분명히 하였다. 이에 일본은 외교적 항의는 물론, 독도에 대한 한국의 지위를 무력화시키기 위해 다양한 방안을 강구하였다. 그 일환으로 일본이 미국을 유인하여 미일행정협정에 의하여 독도를 주일미군의 폭격연습지로 재지정토록 한 것이다.

이것은 1952년 5월 23일 일본 중의원 외무위원회에서 시마네 현 출신 의원야마모토 도시나가[山本利壽]과 외무차관이시하라 간이치로[石原幹市郎] 사이에 오간 질의응답을 통해 그 일면을 확인할 수 있다. 국회의원이 '독도에 대한 일본의 영토권을 확인받기 위해 독도를 미군의 폭격연습지로 지정하는 방안을 외무성에서 고려하고 있는지'를 질의하자, 외무차관은 "대체로 그러한 발상에서 다양하게 추진하고 있다"고 답변하였다.

일본은 미일행정협정에 따라 독도를 미군의 폭격연습지로 내어 주는 모양새를 취함으로써 독도가 마치 일본의 시설과 구역인 것처럼 인정받으려 했던 것이다. 이것은 일본이 미일행정협정이라는 국제법과 미국이라는 강대국을 이용하여 독도를 둘러싼 논쟁에서 한국보다 우월한 지위를 확보하고자 했던 것이다. 하지만 일본의 계략은 실패로 돌아갔고, 그 무서운 속셈은 드러나고 말았다.

1948년이나 1952년 독도에서 폭격 사건이 있을 때마다 인적·물적 피해는 그곳에서 조업하던 한국인들이 고스란히 당하였다. 이는 한국이 독도를 계속 영유해 왔다는 것을 실증한다. 1948년 독도폭격사건을 보도한 『뉴욕타임스』의 1948년 6월 18일 자 기사처럼 독도는 '울릉도 주민들이 수 세기 전부터 조상 대대로 물려받으며 생활의 터전으로 삼아온' 섬이었다.

Point ⑩ 한국이 독도를 불법점거하고 있다는 주장은 정당한가?

> 일본은 "1952년 1월 한국이 국제법을 위반하여 '이승만 라인평화선'을 설정하고, 독도를 그 선 안에 포함시켰다. 그 후 한국은 경비대원을 상주시키고 숙사, 등대, 접안시설 등을 구축하며 국제법상 아무런 근거도 없이 독도를 불법점거하고 있다. 한국이 독도에 대한 조치를 취할 때마다 엄중한 항의를 거듭하는 동시에 철회를 요구하고 있다"고 주장하고 있다.

일본은 1952년 1월 한국이 평화선을 선언하고 경비대를 상주시켜 독도를 무력으로 탈취했다고 주장한다. 그렇다면 평화선은 어떤 선인가?

1952년 4월 28일 샌프란시스코 강화조약 발효를 앞두고 맥아더라인이 폐지될 예정이었다. 맥아더라인은 한국의 주변 수역과 태평양 등지에서 어업자원을 남획했던 일본 선박의 활동 범위를 제한하는 것으로 1945년 9월 연합국이 일본을 점령하자마자 취한 조치였다. 만일 맥아더라인이 폐지되면 일본 선박들이 한국 주변 수역으로 몰려올 것이 예상되었다. 한국 정부는 1952년 1월 18일 인접 수역의 어업자원과 주권을 보호하기 위해 평화선을 선언했다. 6·25전쟁이라는 국가적 재난 상황 속에서 맥아더라인 폐지에 대한 긴급 조치가 필요했던 것이다.

맥아더라인은 1945년 9월에 설정되어 몇 차례 변경되었지만 독도에는 처음부터 끝까지 일본 선박의 접근이 제한되었다. 독도 주변 수역에서는 일본 선박이 조업을 할 수 없었다. 제2차 세계대전 후 연합국의 일본 점령 기간 내내 독도는 일본의 통치영역에서 제외된 반면, 한국은 독도를 계속해서 관할하였다.

1947년 남조선과도정부 민정장관안재홍의 명령에 따라 독도에 정부 관계자가 포함된 학술조사단이 파견되었다. 그리고 1948년 독도폭격사건으로 그곳에서 조업을 하던 한국 어민 14명이 사망

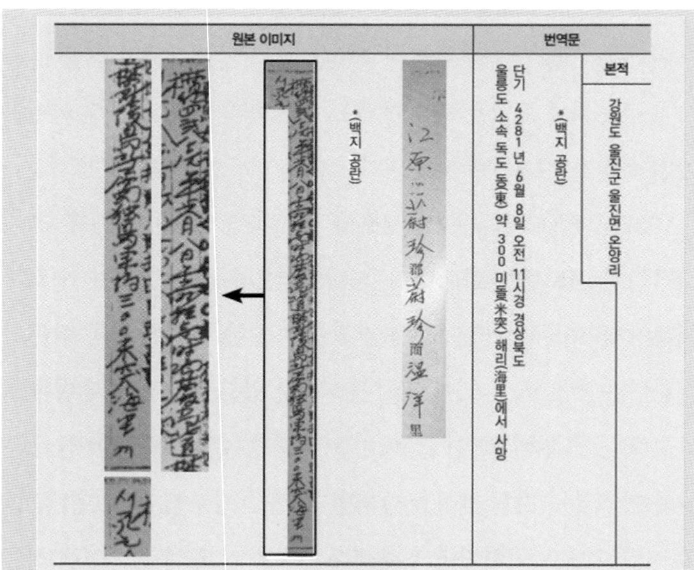

그림 11 | 1948년 독도폭격사건의 사망자 제적부

1948년 미군정 당시 행정문서에 울진군 주민이 1948년 6월 8일 '경상북도 울릉도 소속 독도'에서 사망했다는 기록이 있다. 이 기록은 독도가 한국인들의 삶의 터전이었음을 실증적으로 증거하고 있다.

했다. 그때 남한을 통치했던 주한미군 당국에서는 직접 조사단을 독도 현지에 파견하고, 인명과 선박 피해에 배상하였다. 당시 행정문서인 사망자 제적부에는 사망자들이 '경상북도 울릉도 소속 독도'에서 사망했다고 기록되어 있다.

1948년 8월 15일 한국 정부가 수립되었을 때 독도는 대한민국 헌법에 따라 한반도의 부속 도서로 관리되었다. 1950년 6월 8일 경상북도 지사와 해군 장병, 울릉도 주민 등 중앙과 지방의 관민이 독도를 직접 방문하여 독도조난어민위령비를 건립하고 위령제까지 지냈다. 이렇게 유지해 온 독도를 한국이 불법점거하고 있다고 주장하는 것은 적반하장이다. 한국의 독도경비대 상주는 일본 등 외세의 침탈 시도에 대비하여 우리 땅 독도를 수호하기 위한 국토방위의 의무에서 비롯된 것이다.

Point ⑪ 일본은 왜 '독도 문제'를 국제사법재판소에 회부할 것을 제안하고 있는가?

일본은 "독도 문제를 평화적 수단으로 해결하기 위해 1954년 · 1962년 · 2012년 3차례에 걸쳐 국제사법재판소ICJ에 회부할 것을 한국에 제안했지만, 한국은 이를 받아들이지 않고 거부하였다"고 주장한다.

한국이 독도를 정당하게 영유하고 있기때문에 국제사법재판소ICJ에서 '독도가 한국 땅'이라는 사실을 인정받아야 할 어떠한 이유도 없다. 일본은 중국과 분쟁 중인 센카쿠제도尖閣諸島에 대해 국제사법재판소 회부를 거론하기는커녕 어떠한 분쟁도 존재하지 않는다는 입장이다. 일본은 중국의 반발로 센카쿠제도에 어떠한 실효적 조치도 할 수 없는 형편이지만 자신들이 관할하고 있으니 그러한 이율배반적 태도를 취하고 있는 것이다.

독도에 대한 일본의 국제사법재판소 회부 주장은 어떻게 하든 독도를 분쟁 지역화하고자 하는 의도에서 비롯된 것이다. 그러면서 한국이 재판을 거부하는 것은 한국이 주장하는 근거가 박약하기 때문이라고 선전하고 있다. 과연 그런가?

국제사법재판소에서는 '이 땅이 어느 나라 땅이냐'를 판단할 때 대개 2가지 요소를 중요하게 고려한다. 첫째는 주관적 요소로서 '어느 나라가 그 땅에 대해 주권국으로서 영유 의사를 가지고 있었는가?', 둘째는 객관적 요소로서 '어느 나라가 그 땅에 국가 기능을 실효적으로 행사했는가?' 하는 것이다. 이러한 기준에 따라 생각해 보면 일본의 독도 영유권 주장은 어떠한가?

첫째, 일본 정부가 독도를 자국의 땅이라고 생각하고 영유한 적이 있었는가?

일본이 이러한 의사를 처음 표시한 것은 1905년 독도 영토 편입 조치였다. 그 전에는 그러한 영유 의사를 표시한 바가 없다. 오히려 독도를 울릉도의 부속섬으로서 자국의 영토가 아니라는 의사를 계속적이고 일관되게 밝혀왔을 뿐이다. 1667년 『은주시청합기』, 1696년 「울릉도 도해금지령」, 1870년 「조선국 교제시말 내탐서」, 1877년 「태정관 지령」 등이 이에 대한 증거이다. 이는 일본 스스로가 독도에 대한 영유 의사를 명시적으로 부정한 것이다. 더욱이 주목되는 것은 이들 문서에 기록된 내용이 과거 일본의 중앙정부와 지방정부의 의사표시라는 점이다. 그럼에도 일본은 울릉도와 독도가 '일본과 관계 없는 섬'이라고 했을 뿐 '한국 땅'이라고는 하지 않았다고 주장한다. 과거 일본 정부의 결정은 아무런 배경 없이 어느 날 갑자기 나온 것이 아니다. 17세기 말 울릉도 쟁계 때 과거 일본 정부와 조선 정부가 치열하게 외교적 논쟁을 벌인 끝에 결정한 역사적 담판에서 비롯된 것이다.

둘째, 일본 정부가 독도를 자기 땅으로 실효적으로 지배한 적이 있는가?

없다. 만약 있다고 한다면 1905~1945년까지라고 하겠지만, 그때는 일제강점기이다. 그 당시라면 일본은 한국의 어느 곳이든 이용할 수 있었다. 심지어 일본은 1902년 어떤 법적 근거도 없이 울릉도에 경찰주재소까지 세워 일본인 경찰관을 배치할 정도로 막무가내였다. 1904년에는 러일전쟁 수행을 목적으로 울릉도에 해군 망루까지 세웠다. 일본이 이를 두고 실효적 지배라고 한다면 어불성설이다. 영토의 실효적 지배는 평화적이어야 하며 공공연하게 이루어져야 하지만 1905년 이후 일본의 조치는 결코 그렇지 않았다. 1905년 이전에 실효적 조치가 있었다고 한다면 이는 자기 땅도 아닌 곳에 들어와 도적질한 것에 불과하다. 왜냐하면 1905년 이전에는 일본 정부가 계속적으로 울릉도와 독도를 자기 땅이 아니라고 했기 때문이다.

그러면 1945년 이후에는 실효적 조치가 있었는가? 그렇지 않다. 1945년 이후 맥아더라인 설정, 1946년 SCAPIN 677호, 1951년 일본 국내법령 등은 일본의 통치 영역에서 독도가 제외되었음을 명확히 보여 준다. 1945년 이후 어느 순간에도 일본이 독도를 합법적으로 영유한 바가 없었음을 알려주고 있다. 일본이 독도를 점유했다고 하는 것은 1905년 독도 편입 조치 후부터 1945년까지 일본의 한국 강점하에서 이루어진 행위에 불과하다. 이것은 비단 독도에 국한되지 않는다. 이 논리대로라면 울릉도나 제주도도 일본 땅이라고 주장할 판이다. 그러기에 일본의 독도 영유권 주장은 1904년 러일전쟁 이후 제국주의 침략전쟁에 의한 점령지 권리, 나아가 과거 식민지 영토권 주장이라고 비판을 받고 있는 것이다.

최근 매년 20만 명의 국내외 관광객들이 독도를 방문하고 있다. 또한 그곳에는 한국 경찰과 등대관리원, 주민들이 살고 있다. 주변 바다는 울릉도 도동어촌계의 어장으로 울릉도 주민들의 삶의 터전이다. 이런 섬을 국제재판에 회부한다는 것은 독도에 대한 우리의 주권을 포기하는 행위나 다름없다. 일본이 주장하는 소위

'독도 문제'는 일제의 한국 강점에 근거한 일본의 잘못된 주장에서 비롯된 것으로 일본이 독도 영유권 주장을 중단하는 것이 유일한 해결책이다.

윤 할아버지가 1905년 일본의 독도 영토 편입 조치에 근거한 '죽도의 날'을 폐지하라고 주장하는 것도, 또한 독도의 진실 6개항을 기초로 '독도 역사의 진실을 알자'라는 것도 이러한 내용을 바탕으로 하고 있다.

> 지금 일본이 독도에 대한 권리를 주장하는 것은 제국주의 침략전쟁에 의한 점령지 권리, 나아가서는 과거 식민지 영토권을 주장하는 것입니다. 이것은 한국의 완전한 해방과 독립을 부정하는 행위입니다.
>
> -한일관계에 관한 대통령 담화2006. 4. 25.
>
> 독도는 일본의 한반도 침탈 과정에서 가장 먼저 강점당한 우리 땅입니다. 우리 고유의 영토입니다. 지금 일본이 그 사실을 부정하는 것은 제국주의 침략에 대한 반성을 거부하는 것이나 다를 바 없습니다.
>
> -제99주년 삼일절 대통령 기념사2018. 3. 1.

제 4 편

일본의 독도 도발에 대응

"일본 국민에게 호소하는 것이 답이다!"

일본 오사카 거리에서 호소하다

일본 오사카 시내에 트럭 한 대가 서 있다. 트럭 옆면에는 노란색 바탕의 큰 현수막이 붙어 있고, 거기에 독도에 관한 글이 적혀 있다. 윤영하 할아버지가 그 트럭 옆에서 마이크를 들고 외치고 있다. 그 외침에서 할아버지의 비장한 마음을 느낄 수 있다. 일본 대도시 한가운데서 독도에 관한 내용을 외친다는 것이 매우 낯선 장면이기도 하지만 사람들은 무심히 제 갈 길만 가고 있다. 할아버지는 아랑곳하지 않고 이번에는 홍보전단지를 나누어준다. 전단지에는 '일본 국민들에게 호소합니다'라는 글이 적혀 있다.

일본 국민들에게 호소합니다.

행인 여러분!

일본 국민들에게 호소합니다. 저는 무명의 재일교포 노인입니다. 일본은 전후戰後 폐허 속에서 살기 좋은 나라를 만들었습니다. 지금 일본은 평화롭고 풍요로운 상황에 있습니다. 한일 간에는 한류가 붐을 일으켜 일본 전역을 감싸고 있습니다.

하지만 2005년 3월 시마네현 의회가 "시마네현이 고시 제40호를 2월 22일에 공시하였기 때문에 죽도는 국제법적으로도 역사적으로도 일본 고유의 영토가 되었다"고 주장합니다. 그러면서 "한국에 무력으로 빼앗겼으니 도로 탈환하자"며 시마네현 의회는 2월 22일을 '죽도의 날'로 제정하였습니다. 그로 인해 전후 부지런히 쌓아 올린 양국 간의 우호는 맥없이 무너지고 모든 교류는 단절되어 정상회담조차 열리지 못하는 험악한 관계가 되었습니다.

일본 국민 여러분!

한일관계가 이러한 상태에 있는 것이 좋습니까? 이 길을 지나는 모든 일본인에게 호소합니다. 독도=죽도의 역사적 진실은 무엇입니까? 일본 매스컴은 독도=죽도의 역사를 바르게 전하고 있지 않습니다. 저는 지금 이 차에 게시하고 있는 독도=죽도에 관한 진실의 역사를 의견 광고로 하여 신문사에 신청을 했지만 게재해 주지 않았습니다. 저는 이와 같은 형태로 이렇게 호소하는 것 외에는 선택의 길이 없습니다.

일본 국민 여러분!

독도=죽도의 진실을 알아주십시오. 일본에 '죽도의 날'이 있는 한 한일 간에 진정한 친선우호는 없습니다. '죽도의 날' 제정은 한일 간에 백해무익한 것입니다. '죽도의 날'을 부디 다시 생각해 주십시오. 지금부터는 독도=죽도 역사홍보사 이름으로 호소하려 합니다. 부디 잘 부탁드립니다.

독도=죽도 역사홍보사

홍보전단지는 '독도=죽도 역사홍보사' 명의로 되어 있는데, 윤 할아버지가 '죽도의 날을 다시 생각하는 모임'에서 나온 후 만든 단체이다. 말은 단체이지만 할아버지 혼자 운영하는 1인 단체이다.

할아버지는 자신을 무명의 재일교포 노인이라고 소개하며, 지나가는 일본인들에게 먼저 시마네현 '죽도의 날' 제정의 역사적 배경에 대해 이야기한다.

"1905년 러일전쟁이 한창인 때 일본 정부는 독도를 주인 없는 땅이라며 일본 영토로 편입하였다. 이를 근거로 '죽도의 날'을 제정하여 독도를 자국의 영토라고 주장하고 있다."

그러고는 "한국이 무력으로 빼앗아갔으니 탈환하자고 하는데, 이는 독도 역사의 진실을 외면하는 것"이라고 했다. 또한 '죽도의 날' 제정으로 그동안 한일 양국이 잘 쌓아왔던 우호관계가 맥없이 무너지고 교류가 단절되는 일이 벌어지고 있으며, 일본에 '죽도의 날'이 있는 한 한일 간에 진정한 친선우호는 없을 것이라고 힘을 주었다. 그러면서 '죽도의 날'은 한일 간에 백해무익한 것이니 '죽도의 날'을 부디 다시 생각해달라고 호소하였다.

할아버지는 처음에 이러한 생각을 일본 전역에 알리기 위해 일본 언론에 반박 기고문도 쓰고, 독도의 진실을 알리는 광고도 내려고 했지만 인정하지 않을 뿐만 아니라 진실마저 올바로 보도되지 않았다. 어쩔 수 없이 거리로 직접 나가 지나가는 사람들에게 진실을 직접 호소하게 된 것이다.

그림 12 | 독도 홍보전단지와 자전거 홍보

할아버지는 트럭을 타거나 자전거를 타고 오사카 시내를 다니며 '죽도의 날이 있는 한 한일 간의 진정한 친선우호는 없다'는 홍보전단지를 배부하고 있다.

반송된 할아버지의 편지

2009년 2월 할아버지의 활동이 일본 현지 언론에 처음 보도되었다(『통일일보』, 2009년 2월 25일). 할아버지는 2008년 11월 오사카에서 한국으로 우편물을 보내려 했지만 발송이 거부되었다. 수취인 주소가 '한국 경상북도 울릉군 독도관리사무소'로 적혀 있었기 때문이다. 일본 우체국에서는 '수취인의 주소가 불분명하

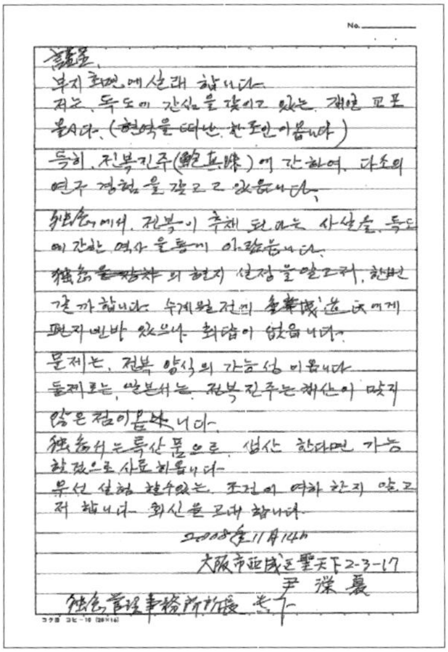
No.

[illegible]
부지 화면에 실례 합니다.
저는, 독도에 관심을 갖이고 있는 재일 교포 올시다. (~~현역을 떠난 [illegible] 이옵니다~~)
특히, 전복진주(鮑真珠)에 관하여, 다소의 연구 경험을 갖고고 있읍니다.
独島에서, 전복이 추채 된다는 사실을, 독도에 관한 역사를 통해 아랐읍니다.
独島 ~~[illegible]~~ 의 현지 실정을 알고저, 한번 갈까 합니다. 수개월 전에 [illegible] 氏에게 편지 보냈읍으나 회답이 없읍니다.
문제는, 전복 양식의 가능성 이옵니다.
둘째로는, 일본서는 전복 진주는 채산이 맞지 않은 점이 옵니다.
独島서는 특산품으로, 생산 한다면 가능할 것으로 사료 되옵니다.
우선 실험 할수있는, 조건에 여하 한지 알고저 합니다. 회신을 고대 합니다.
2008年11月14日
大阪市西成区聖天下2-3-17
尹 [illegible]
独島管理事務所 所長 [illegible]

コクヨ コヒ-10 (20×16)

그림 13 | 한국의 독도관리사무소에 보내려던 할아버지의 편지

일본 우체국에서는 '한국'이라는 주소 표기가 잘못되었다며 할아버지의 편지 발송을 거부하였다.

다'며 발송을 거부하고 반송하였다.

일본 우체국에서는 "독도는 다케시마竹島를 뜻한다"고 하면서 "다케시마는 일본 영토이기 때문에 '한국'이라는 주소 표기는 잘못되었다. 그래서 돌려보냈다"고 했다. 할아버지는 이에 대해 오사카의 체신 당국에 강력히 항의하였다.

그러자 다음 날 우체국에서 할아버지께 전화가 왔다. "어제는 죄송했다. 우편물을 한국에 보낼 테니 지금 가지러 가겠다." 하지만 할아버지는 그럴 필요 없다며 단호히 거부하였다.

한국의 독도관리사무소에 보내려고 한 편지 내용은, 독도에서

전복 진주 양식이 가능한지 현지 실정을 묻는 것이었다. 할아버지는 독도가 전복 산지로 유명했다는 것을 역사를 통해 알고는 독도의 특산품으로 전복 진주 양식을 하면 좋겠다고 생각했다. 그러면서 독도에서 생활하는 사람들이 전복 진주 양식을 하면 생활에도 도움이 되고 또 독도 전복 진주가 독도를 홍보하는 데도 도움될 것으로 생각해 이 일을 권유할 참이었다. 할아버지는 실제로 이곳저곳을 다니며 전복 진주 양식을 배우기도 하고 직접 시험도 했다. 집에서도 실험을 했는데, 어느 정도 진척이 있는 듯했으나 한동안 병원에 입원하는 바람에 수포로 끝나고 말았다.

할아버지는 우편물 반송 사건 후에도 전복 진주 양식에 대해 알아보았으나 독도 해역의 어업 여건상 곤란하다는 답변만 들었다. 그래도 포기하지 않고 독도에서 전복 진주를 양식할 방법을 계속해서 찾아보았다.

일본 신문에 반박문을 보내다

2008년 7월 14일 일본 문부과학성이 중학교 사회과 학습지도요령 해설에 독도를 명기했다. 2005년 시마네현 '죽도의 날' 제정에 이어 우려했던 일이 현실로 드러났다. 국내외에 커다란 파장이 일었다. 주일한국대사는 항의의 뜻으로 일시 귀국을 하고, 지방자치단체 교류 행사를 위해 일본에 갔던 경상남도 지사가 행사를 취소하고 급거 귀국하였다. 다음 날 일본의 유력 일간지인 『요미우리신문讀売新聞』에서도 많은 지면을 할애하여 학습지도요령 해설의 독도 명기에 관한 소식을 전하였다. 그리고 학습지도요령 해설의 독도 명기를 지지하는 사설도 실렸다.

사설은 "국가의 장래를 담당하는 아이들에게 자국의 영토와 역사에 대해 정확히 가르치는 것은 학교 교육의 중요한 책무"라는 말로 시작되었다. 그러면서 독도가 역사적으로나 국제법적으로 일본 고유의 영토라는 일본 정부의 입장을 되풀이했다. 즉 일본이 17세기에 독도 영유권을 확립하고, 1905년 각의 결정으로 시마네현에 편입했으며, 1952년 한국이 평화선을 설정하여 독도를 한국의 영역에 포함한 이래 불법점거를 하고 있다는 것이다. 사설은 끝으로 이번 학습지도요령 해설의 독도 명기를 기회로 학생들에게 독도 영유권을 둘러싼 문제를 바르게 이해시키고, 국제사회에 일본의 입장을 명확히 주장해야 한다고 했다.

사설을 읽은 윤 할아버지는 잠자코 있을 수만 없었다. 당장 반박문을 썼다. 독도는 한국의 고유 영토로 울릉도에서는 독도를 바라볼 수 있으며, 17세기 이래 일본 고유의 영토라는 주장은 일본의 저명한 학자들에 의해 이미 허구라는 것이 논파되었다고 강조했다. 그리고 1877년 「태정관 지령」에서 독도는 일본의 영토가 아니라는 인식이 내무성을 통하여 시마네현에 전달되었는데, 이러한 것을 인정하지 않으려는 행위는 바로 '넌센스의 논쟁'이라고 했다. 또한 전후 제국주의적 사고를 벗지 못한 일본 외교관들이 독도의 진실을 왜곡하고 있으며, 미국을 끌어들이는 로비활동도 하였다고 했다. 그것이 지금과 같은 한일 간 마찰의 원인이 되고 있다는 점도 지적하였다. 끝으로 일본의 거짓된 주장이 교육을 통해 마치 유언장처럼 계속 이어지게 된다면 한일 간 친선우호관계는 영원히 있을 수 없다는 점도 분명히 하였다.

할아버지가 보낸 반박문은 『요미우리신문』에 한 줄도 소개되지 않았다. 그 후에도 할아버지는 일본 신문에 독도 영유권 주장이 게재되면 반박하는 글을 보냈다.

2013년 10월 26일 자 『산케이産経신문』에는 "묵과할 수 없는 한국의 대일 도발"이라는 사설이 실렸다. 한국의 해군과 해양경찰이 독도에서 방위 훈련을 실시한 것은 '묵과할 수 없는 일본에 대한 도발'이라는 내용이었다.

윤 할아버지는 이에 항의하는 자료를 산케이신문사로 보냈다. '한일 양국 중 어느 측의 도발로 오늘날과 같은 험악한 한일관계가 만들어졌는가'라고 되물으며, 일본에게 그 책임이 있음을 지적했다.

할아버지는 일본의 도발 사례로, '죽도의 날'을 만들어 일본 고유의 영토라며 역사를 왜곡하고 국민여론을 오도하는 것, 식민지 정책은 정당했다고 말하는 것, 무라야마 담화를 부정하고 한국 침략에 반성을 하지 않는 것 등을 지적하였다. 그러면서 모든 것의 근원은 '죽도의 날' 제정에 있다며, 독도가 한국 영토인 근거를 밝힌 독도의 진실 6개항이 담긴 자료를 보냈다.

윤 할아버지는 잘못된 정보를 접할 때마다 신문사는 물론이고 NHK 등 방송사에도 항의서한을 보냈다.

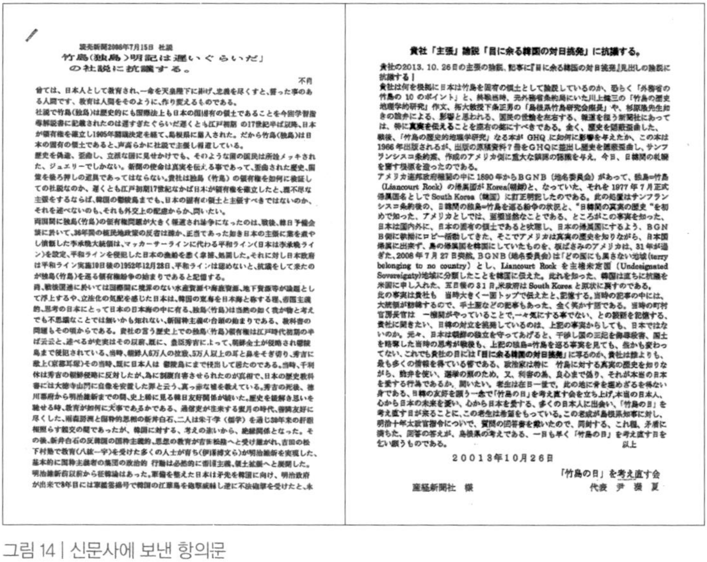

読売新聞2008年7月15日 社説

竹島(独島)明記は遅いぐらいだ」の社説に抗議する。

不肖

曾ては、日本人として教育され、一命を天皇陛下に捧げ、忠義を尽くすと、誓った事のある人間です、教育は人間をそのように、作り変えるものである。

社説で竹島(独島)は歴史的にも国際法上も日本の固有の領土であることを今回学習指導解説書に記載されたのは遅すぎたぐらいだ遅くとも江戸初期 の17世紀半ば以降、日本が領有権を確立し1905年閣議決定を経て、島根県に編入された。だから竹島(独島)は日本の固有の領土であると、声高らかに社説で主張し報道している。

[illegible]

貴社「主張」論説「目に余る韓国の対日挑発」に抗議する。

貴社の2013. 10. 26日の主張の論説、記事に『目に余る韓国の対日挑発』見出しの論説に抗議する!

[illegible]

…一日も早く「竹島の日」を考え直す日を乞い願うものである。 以上

20013年10月26日

「竹島の日」を考え直す会

産経新聞社 様　　代表 尹 漢 夏

그림 14 | 신문사에 보낸 항의문

할아버지가 일본의 독도 영유권을 주장하는 사설을 게재한『요미우리신문』과『산케이신문』에 보낸 항의문이다.

일본 의원에게 격려 편지를 보내다

2011년 3월 9일 한 보수신문산케이신문[産経新聞]에 일본 민주당 도이 류이치土肥隆一 중의원 의원을 비판하는 기사가 실렸다. 같은 해 2월 말 도이 의원이 한국의 국회의원들과 함께 일본 정부의 독도 영유권 주장에 반대하는 내용이 담긴 공동선언문에 서명을 했다는 것이다.

기독교인이었던 도이 의원은 한일기독의원연맹의 일본 대표로서 '한일 기독의원 제92주년 3·1절 공동선언문'에 이름을 올린 것이다. 공동선언문에는 "일본 정부는 역사 교과서 왜곡과 독도 영유권 주장으로 후세에게 잘못된 역사를 가르치고 평화를 해치고자 하는 시도를 즉각 중단해야 한다"는 내용이 적혀 있었다.

2011년 2월 27일 제92주년 3·1절 기념예배에서 발표된 이 선언문은 '한국과 일본이 화해와 평화의 미래를 함께 열어나갈 것'을 촉구하는 동시에 이를 위해 '기독교인으로서의 역할을 묵묵히 감당해 나갈 것'을 다짐하는 것이기도 했다.

일본 보수신문에서는 도이 의원이 당시 일본 총리간 나오토[菅直人]의 측근으로서 일본 정부의 입장과 반대되는 주장에 동조했다며 무차별 공세를 가했다.

그 기사를 읽은 할아버지는 즉시 도이 의원 앞으로 편지를 보냈다. 한일 간에 가시와 같은 '독도 문제'에 바른 역사 인식을 가진 도이 의원의 훌륭한 자세에 경의를 표하며, 과거 이토 히로부미伊藤博文가 입었던 한복과 도이 의원의 한복이 갖는 의미는 근본적으로 상반되며, 도이 의원이 바로 한일 친선우호의 초석이 될 것을 믿는다는 격려의 편지였다.

하지만 보수 언론과 우익 세력들은 도이 의원이 '독도 포기 선언에 서명했다', '주권 의식을 상실했다'며 거세게 몰아붙였다. 할아버지의 격려 편지가 얼마나 힘이 되었는지는 모르겠지만, 온갖 협박과 위협에 시달리던 도이 의원은 민주당을 탈당했고, 이듬해 선거에도 출마하지 않았다. 그로써 도이 의원은 7선 국회의원으로 정치 인생에 마침표를 찍었다.

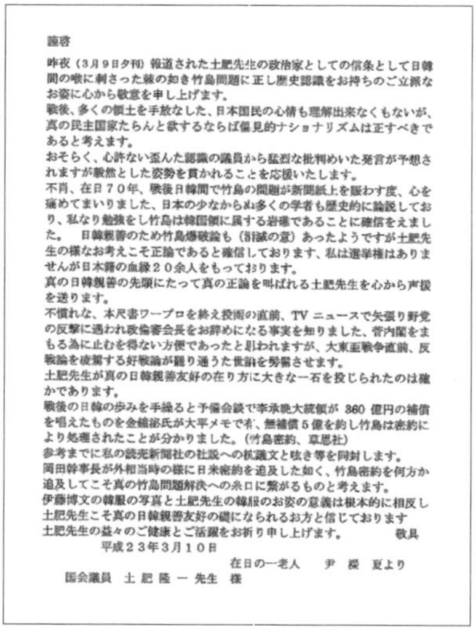
謹啓
昨夜（3月9日夕刊）報道された土肥先生の政治家としての信条として日韓間の喉に刺さった棘の如き竹島問題に正し歴史認識をお持ちのご立派なお姿に心から敬意を申し上げます。
戦後、多くの領土を手放なした、日本国民の心情も理解出来なくもないが、真の民主国家たらんと欲するならば偏見的ナショナリズムは正すべきであると考えます。
おそらく、心許ない歪んだ認識の議員から猛烈な批判めいた発言が予想されますが毅然とした姿勢を貫かれることを応援いたします。
不肖、在日70年、戦後日韓間で竹島の問題が新聞紙上を賑わす度、心を痛めてまいりました、日本の少なからぬ多くの学者も歴史的に論説しており、私なり勉強をし竹島は韓国領に属する岩礁であることに確信をえました。　日韓親善のため竹島爆破論も（消滅の意）あったようですが土肥先生の様なお考えこそ正論であると確信しております、私は選挙権はありませんが日本籍の血縁20余人をもっております。
真の日韓親善の先頭にたって真の正論を叫ばれる土肥先生を心から声援を送ります。
不慣れな、本尺書ワープロを終え投函の直前、TV ニュースで矢張り野党の反撃に遇われ政倫審会長をお辞めになる事実を知りました、菅内閣をまもる為に止むを得ない方便であったと思われますが、大東亜戦争直前、反戦論を破棄する好戦論が罷り通うた世論を髣髴させます。
土肥先生が真の日韓親善友好の在り方に大きな一石を投じられたのは確かであります。
戦後の日韓の歩みを手繰ると予備会談で李承晩大統領が 360 億円の補償を唱えたものを金鍾泌氏が大平メモで有、無補償5億を約し竹島は密約により処理されたことが分かりました。（竹島密約、草思社）
参考までに私の読売新聞社の社説への抗議文と呟き等を同封します。
岡田幹事長が外相当時の様に日米密約を追及した如く、竹島密約を何方か追及してこそ真の竹島問題解決への糸口に繋がるものと考えます。
伊藤博文の韓服の写真と土肥先生の韓服のお姿の意義は根本的に相反し土肥先生こそ真の日韓親善友好の礎になられるお方と信じております
土肥先生の益々のご健康とご活躍をお祈り申し上げます。　敬具
平成23年3月10日
在日の一老人　尹　操　夏より
国会議員　土 肥 隆 一 先生　様

그림 15 | 도이 류이치 의원에게 보낸 편지

할아버지는 도이 의원 문제가 불거지자 그의 독도에 관한 역사 인식에 경의를 표하는 격려 편지를 보냈다.

시마네현 지사에게 질문서를 보내다

2012년 11월 30일 윤 할아버지는 시마네현 지사 앞으로 '죽도의 날' 폐지를 요구하는 내용으로 질문서를 보냈다. 그 내용의 요지는 이렇다.

"1877년 일본의 국가 최고기관인 태정관이 독도를 일본령이 아니라고 확인하고, 내무성을 통해 시마네현에 전달한 사실이 엄존하는데, 진실의 역사를 부정하고 '죽도의 날'을 존속시키는 것은 한일 친선은 물론이고, 일본 국민의 이미지를 나쁘게 만들기에 충분하다. 시마네현은 '죽도의 날'을 폐지하고 경상북도와 맺은 자매결연을 복원하는 것이 바람직하다."

그러면서 "「태정관 지령」의 역사적 사실을 부정하고 '죽도의 날'을 존속시킨다면 그 이유를 납득할 수 있도록 설명하기 바란다"며 답장에 필요한 우표까지 동봉했다.

얼마 후 할아버지는 시마네현 총무부 총무과장 명의의 직인이 찍힌 답장총 제2226호, 2012년 12월 13일을 받았다. 그 답장의 요지는 이랬다.

"시마네현 죽도 문제연구회의 조사연구 결과에 따르면, 「태정관 지령」은 메이지 시대 초기의 현상을 반영한 것으로 '죽도竹島'라고도 하고 '송도松島'라고도 불리는 섬, 즉 울릉도가 일본령이 아니라는 의미일 가능성이 크다는 등의 견해가 있다."

즉, 메이지 시대 초기에는 울릉도가 '송도'로도 불리고, 또 '죽도'로도 불렸다는 주장을 반영한 것이다. 그러면서 "「태정관 지령」은 독도 영유권 논의에서 큰 논점 중 하나로 알려져 있지만, 독도 영유권에 대해서는 외무성 홈페이지와 팸플릿에 많은 논점들이 정리되어 있다"며, 독도는 일본 고유의 영토라고 주장했다. 아울러 '죽도의 날'은 독도에 대한 국민여론 계발을 위해 제정된 것임을 되풀이했다. 독도 영유권 논의에서는 한일 양국 간에 차이가 있지만 양국이 냉정하게 논의해 나가야 한다고 했다. 그러한 점에서 "자치단체와의 교류는 영토 문제와 분리하여 진행해 나가야 하고 폭넓은 분야에서 교류를 계속할 필요가 있다"고 답변했다.

하지만 윤 할아버지는 이에 동의할 수 없었다. 할아버지는 시마네현의 답변이 매우 모순되고 궤변에 지나지 않는다고 생각했다. 그러면서 '죽도의 날을 다시 생각하는 모임'의 회보에 시마네현의 답변을 소개하며 자신의 입장을 피력했다.

할아버지는 먼저 일본 시마네현이 1877년 「태정관 지령」을 인정하는지를 되물었다. 그러면서 1877년 지적 편찬 당시 내무경오쿠보 도시미치[大久保利通]과 태정관 우대신이와쿠라 도모미[岩倉具]의 왕복 문서를 통해 독도가 일본 영토가 아니고 한국 영토라는 것을 명확히 했음을 분명히 했다. 또한 송도를 울릉도라고 주장한 것에 대해서는 「태정관 지령」 관련 문서에 있는 지도인 「기죽도 약도」

를 들어, 기죽도또는 죽도는 울릉도를 의미하고, 이와 함께 나란히 '송도'라고 표기된 것은 현재 일본에서 부르는 죽도, 곧 독도라는 것이다. 또한 '죽도 외 일도'라는 표현은 일도一島, 즉 독도가 울릉도에 부속된 섬이란 것을 분명히 하는 것이라고 했다. 그러면서 역사적으로나 국제법으로나 일본 고유의 영토라는 주장은 모순 그 자체라고 했다.

또한 시마네현이 냉정하게 논의하면서 문제를 해결하자고 하면서도 '죽도의 날'을 국가 차원의 행사로 승격시키고자 분주한

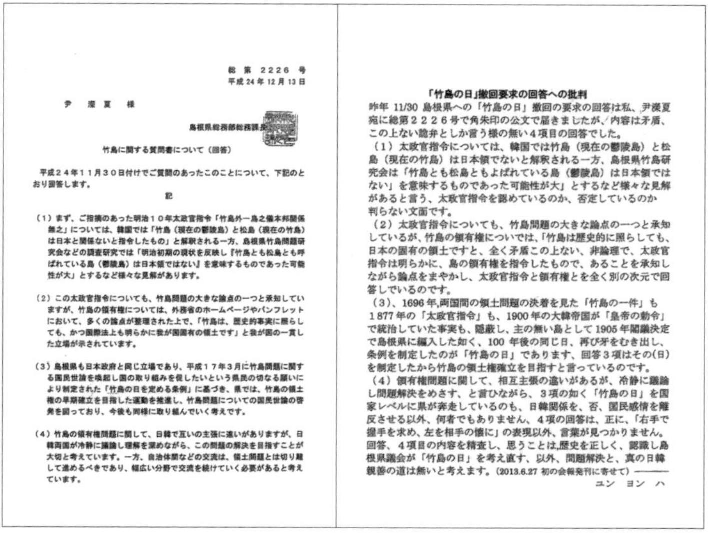
総第 2226 号
平成24年12月13日

尹 瀅 夏 様

島根県総務部総務課長

竹島に関する質問書について（回答）

平成２４年１１月３０日付けでご質問のあったこのことについて、下記のとおり回答します。

記

（1）まず、ご指摘のあった明治１０年太政官指令「竹島外一島之儀本邦関係無之」については、韓国では「竹島（現在の鬱陵島）と松島（現在の竹島）は日本と関係ないと指令したもの」と解釈される一方、島根県竹島問題研究会などの調査研究では「明治初期の現状を反映し『竹島とも松島とも呼ばれている島（鬱陵島）は日本領ではない』を意味するものであった可能性が大」とするなど様々な見解があります。

（2）この太政官指令についても、竹島問題の大きな論点の一つと承知していますが、竹島の領有権については、外務省のホームページやパンフレットにおいて、多くの論点が整理された上で、「竹島は、歴史的事実に照らしても、かつ国際法上も明らかに我が国固有の領土です」と我が国の一貫した立場が示されています。

（3）島根県も日本政府と同じ立場であり、平成１７年３月に竹島問題に関する国民世論を喚起し国の取り組みを促したいという県民の切なる願いにより制定された「竹島の日を定める条例」に基づき、県では、竹島の領土権の早期確立を目指した運動を推進し、竹島問題についての国民世論の啓発を図っており、今後も同様に取り組んでいく考えです。

（4）竹島の領有権問題に関して、日韓で互いの主張に違いがありますが、日韓両国が冷静に議論し理解を深めながら、この問題の解決を目指すことが大切と考えています。一方、自治体間などの交流は、領土問題とは切り離して進めるべきであり、幅広い分野で交流を続けていく必要があると考えています。

「竹島の日」撤回要求の回答への批判

昨年 11/30 島根県への「竹島の日」撤回の要求の回答は私、尹瀅夏宛に総第２２２６号で角朱印の公文で届きましたが、内容は矛盾、この上ない詭弁としか言う様の無い４項目の回答でした。

（１）太政官指令については、韓国では竹島（現在の鬱陵島）と松島（現在の竹島）は日本領でないと解釈される一方、島根県竹島研究会は「竹島とも松島ともよばれている島（鬱陵島）は日本領ではない」を意味するものであった可能性が大」とするなど様々な見解があると言う、太政官指令を認めているのか、否定しているのか判らない文面です。

（２）太政官指令についても、竹島問題の大きな論点の一つと承知しているが、竹島の領有権についでは、「竹島は歴史的に照らしても、日本の固有の領土ですと、全く矛盾この上ない、非論理で、太政官指令は明らかに、島の領有権を指令したもので、あることを承知しながら論点をまやかし、太政官指令と領有権とを全く別の次元で回答しでいるのです。

（３）、1696年,両国間の領土問題の決着を見た「竹島の一件」も１877年の「太政官指令」も、1900年の大韓帝国が「皇帝の勅令」で統治していた事実も、隠蔽し、主の無い島として1905年閣議決定で島根県に編入した如く、100 年後の同じ日、再び牙をむき出し、条例を制定したのが「竹島の日」であります、回答３項はその(日)を制定したから竹島の領土権確立を目指すと言っているのです。

（４）領有権問題に関して、相互主張の違いがあるが、冷静に議論し問題解決をめさす、と言ひながら、３項の如く「竹島の日」を国家レベルに県が奔走しているのも、日韓関係を、否、国民感情を離反させる以外、何者でもありません、４項の回答は、正に、「右手で握手を求め、左を相手の懐に」の表現以外、言葉が見つかりません。回答、４項目の内容を精査し、思うことは,歴史を正しく、認識し島根県議会が「竹島の日」を考え直す、以外、問題解決と、真の日韓親善の道は無いと考えます。(2013.6.27 初の会報発刊に寄せて) ———

ユン ヨン ハ

그림 16 | 시마네현의 답변과 할아버지의 반박

2012년 11월 할아버지가 보낸 '죽도의 날' 제정 관련 질의에 대해 시마네현의 답변을 받았지만왼쪽, 할아버지는 납득을 하지 못한다며 조목조목 반박하였다오른쪽.

것은 한일관계 및 양국 국민의 감정을 이반시키는 것이나 다름없다고 했다. 이러한 일본의 행태는 오른손으로는 악수를 청하면서도 왼손을 상대의 가슴으로 집어넣는 것이라고밖에 달리 표현할 방법이 없다고 했다. 결국 할아버지는 시마네현에서 보낸 답신에 대해 어느 것도 납득하지 못했으며, 오히려 이치에 맞지 않는 주장만 되풀이하고 있다고 판단했다.

'죽도의 날을 다시 생각하는 모임' 조직

윤 할아버지는 역사 강연회와 공부 모임 등을 찾아다니며 독도의 진실 6개항으로 요약된 독도에 대한 생각을 주변 사람들과 공유해 나갔다.

그러던 2012년 어느 날 일본의 '천황제'를 비판하는 역사 관련 강연회에 참석하였다. 그때 강연자로 참석한 일본인에게 자신이 주관하는 공부 모임에 참석하여 강연을 할 수 있을지 의향을 물었다. 그때 할아버지는 오사카에 있는 한 사찰의 공간을 빌려 조그마한 공부 모임을 개최하고 있었다. 그 일본인은 할아버지의 요청에 흔쾌히 응하였고 할아버지가 주최한 공부 모임에서 발표를 하였다. 이를 계기로 할아버지는 조직을 만들어 이 일을 해나가면 좋겠다고 생각했다. 그것도 재일동포와 일본인으로 구성된 모임이면 좋겠다고 생각했다.

때는 2013년 2월 초 일본 정부는 내각관방이라는 곳에 영토·주권대책기획조정실을 설치하여 독도 및 영토 문제에 관한 사무를 통합 관리하도록 하였다. 그해 2월 22일 '죽도의 날' 행사에는 이전과 달리 처음으로 일본 중앙정부에서 고위인사를 파견할 계획도 갖고 있었다. 독도에 대한 관심이 그 어느 때보다 고조된 상황이었다.

그런 상황에서 윤 할아버지는 일본 시마네현 '죽도의 날'에 대응하는 행사를 추진하였다. 이 행사를 계기로 '죽도의 날을 다시 생각하는 모임竹島の日を考え直す会'을 조직하였다. 할아버지가 이전에 활동한 '독도=죽도 문제연구회'를 발전적으로 해체하고, '죽도의 날을 다시 생각하는 모임'으로 이름을 개칭하였다. 모임의 대표는 할아버지가 맡았다. 할아버지는 이 모임에 일본인들이 참여하는 것이 무엇보다 중요하다고 생각했다. 모임의 이사, 감사 등 첫 임원은 16명이었고, 일본인이 9명, 재일동포가 7명으로 일본인들이 오히려 더 많았다.

오사카부 가도마門眞시 의회 의원인 도다 히사요시戸田ひさよし 씨가 고문으로 참가하였으며, 모모야마桃山학원대학 강사인 구보이 노리오久保井規夫 씨와 전前 오사카고등학교 교장이자 전前 오사카 쇼인樟蔭여자대학 강사인 구로다 요시히로黒田伊彦 씨가 각각 이사장과 부대표겸 이사로 참석하였다. 도다 의원과 구로다,

구보이 씨는 모임에서 주최하는 집회에서 발표자로 나와 자신들이 연구하고 생각한 바를 발표하였다.

모두 10개조로 된 회칙도 만들고, 그 안에 모임의 목적도 분명히 규정하였다.

"본회는 한일 양국의 친선을 중요시하고, 대립을 조장하고 있는 시마네현 '죽도의 날'을 다시 생각하는 학습, 여론 계발, 운동 등 필요한 활동을 전개한다."

그리고 매년 시마네현과 일본 정부에 대해 다음과 같은 통고도 할 것을 규정하였다.

"시마네현은 「태정관 지령」을 지키고 잘못된 죽도의 날을 폐지하라."

"일본 정부는 「태정관 지령」을 지키고 잘못된 죽도=독도 영유권 주장을 중단하라."

이 목적을 실현하기 위한 방안으로 조직 확대와 재정 확보, 일본 사회에서의 여론 확산을 위해 일본인 인사들을 중심으로 독도의 역사에 관한 강연을 하고 책도 쓸 것이라고 했다. 그리고 홍보를 위해 온라인과 오프라인 활동을 비롯하여 2월 22일에는 시마네현에 가서 홍보를 하고, 또 시마네현 지사에게 결의문을 전달하는 것도 주요 사업의 하나로 정하였다. 대부분 윤 할아버지의 생각과 주도로 이루어졌다. 회비는 연 2,000엔으로 책정되었다.

2013년 당시 회원이 141명 정도가 되었다. 회원 중에는 재일동포도 있었지만, 일본인들이 다수를 차지하였다. 할아버지가 기존에 활동했던 '죽도(독도)문제연구회'를 발전적으로 해체하는 것이어서 기존 회원들이 많았다.

모임은 2013년 4월 22일 정식으로 발족하였다. 윤 할아버지는 발족식 때 이 모임을 발족하게 된 취지에 대해 말하였다.

"독도의 역사적 진실을 일본 사회에 널리 전하기 위해 일본인 선생들을 선두로 독도 역사의 진실을 전국으로 전개하려 합니다."

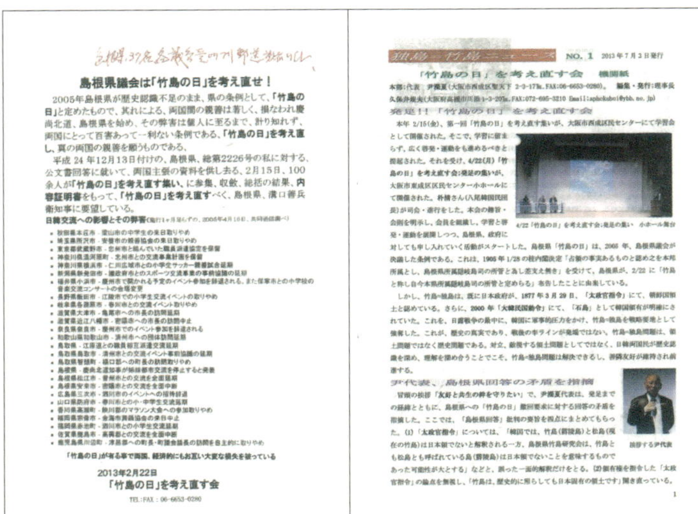
島根県議会は「竹島の日」を考え直せ！

2013年2月22日
「竹島の日」を考え直す会

獨島・竹島ニュース NO. 1 2013年7月3日発行
「竹島の日」を考え直す会 機関紙

그림 17 | 모임의 홍보물왼쪽과 회보오른쪽

홍보물은 2005년 '죽도의 날' 제정 직후 한일 지자체 간의 교류가 중단된 26개 사례를 담았다. '죽도의 날'이 갖는 폐해를 알리기 위한 것으로 할아버지는 이 홍보물을 시마네현 의회 의원 전원에게 보내기도 했다. 회보는 모임의 활동과 독도에 관한 지식을 알리는 내용으로 구성되었다.

2013년 '죽도의 날' 대응 행사

2013년 2월 15일 오후 6시 '죽도의 날을 다시 생각하는 모임'의 첫번째 공식 행사로 '죽도의 날 대응행사'가 개최되었다. 행사명은 행사를 주최한 단체명과 유사한 '죽도의 날을 다시 생각하는 집회'였다. 오사카시 니시나리 구민센터에 약 100명이 모였다. 재일동포와 일본인이 거의 반수씩 모였다. 독도가 한국령임을 알리는 일본 지도도 전시되었다. 이날 행사장 전면에는 "'죽도의 날'을 취소하고 경상북도와 시마네현의 자매관계를 복원하라"는 현수막이 내걸렸다.

윤 할아버지는 첫 연사로 나서 "어느 재일한국 노인의 독도에 대한 의분"이라는 제목으로 발표를 하였다. 울릉도에서 독도가 보이지만 일본에서는 보이지 않는다는 것과, 1877년 「태정관 지령」 등을 언급하며, 일본 정부와 언론이 '독도를 일본의 영토라고 주장'하는 것이 독도의 진실을 부정하는 것이라고 주장했다. 그리고 행사 주최자로서 이 집회를 개최하기까지의 과정과 애로 사항들을 이야기했다. 특히 재일한국인으로서 일본이 독도 관련 사항을 왜곡하는 것에 손을 놓고만 있을 수 없었다고 했다. 이어 구보이 노리오 등 일본인 4명이 차례로 독도 및 영토 문제에 대해 자신들의 생각을 피력하였다.

이 모임의 고문을 맡은 도다 히사요시 의원은 "독도 문제에 관하여"란 제목으로 발표하며, '독도는 원래 조선의 영토이며, 메이지 정부는 한국의 영토라고 판단하고 일본 영토 밖이라고 선언한 섬이다. 그런데 일본이 러일전쟁 중에 전략적으로 중요한 섬이라고 판단하고 몰래 일본령으로 편입한 것'이라고 했다.

다음으로 모임의 이사장인 구보이 노리오 씨가 "독도 문제의 해명解明: 지도 분석을 통하여"란 주제로 '독도 문제'는 일본이 러일전쟁 중에 기만적으로 영토화한 것이 발단이라는 점을 지적하였다. 그는 나가쿠보 세키스이長久保赤水가 그린 「개정 일본여지노정전도」 등 일본의 지도와 자료를 분석하여 일본 정부가 독도를

「竹島の日」を考え直す集い
講演会　プログラム

"竹島の日"を考え直す会 (代表 尹 溁 夏
2013年 2月 15日 (金) 午後6:00~9:0
大阪 西成区民センター 2−1号室

講演①40分
演題　在日一世の竹島に対する義憤
～～"竹島の日"を考え直す会　代表　尹 溁 夏
講演②15分
演題　竹島問題に関して
～～門真市議会議員　戸田ひさよし

(休憩　10分)

講演③30分
演題　独島（竹島）問題の解明～地図を分析して
～～桃山学院大学講師　久保井規夫
講演④15分
演題　領土ナショナリズムと天皇制
～～元大阪松蔭女子大学講師　黒田伊彦
講演⑤15分
演題　竹島問題に思うこと
～～元大阪経済大学教授　永野　仁

그림 18 | 모임의 첫 번째 행사 모습과 순서지

'죽도의 날을 다시 생각하는 모임'은 2013년 2월 15일 첫 행사를 가졌다. 행사장 전면에 "'죽도의 날'을 취소하고 경상북도와 시마네현과의 자매관계를 복원하라"라는 현수막이 걸렸다.

"역사적으로 또 국제법적으로 일본 고유의 영토"라고 주장하는 것은 잘못되었다고 지적하였다.

모임의 부대표인 구로다 요시히로 씨는 '영토 내셔널리즘과 천황제'에 대해 발표하였다. 일본의 영토 내셔널리즘은 천황제와 깊은 연관이 있는데, 일본 국민에게 조선 민족에 대한 멸시관과 배외주의를 강제로 주입하고, 일본인의 우월의식을 교과서로 교육하는 것은 부당하다고 했다.

그리고 오사카경제대학 교수를 역임한 나가노 히토시永野仁 씨도 "독도 문제에 생각되는 점"이라는 제목으로 발표를 하였다.

할아버지는 특히 나가노 씨의 발표에 감명을 받았다고 했다. 할아버지가 나가노 씨를 발표자로 섭외할 때 그는 일본 외무성의 주장에 동의한다고 했단다. 할아버지는 그러한 주장도 좋으니 당일 행사에 참석하여 그 의견도 말해 주기를 부탁했다. 그런데 나가노 씨는 강연에 와서는 의외로 '고유의 영토'에 대해 설명을 하면서 독도가 한국에 속한다는 말을 했단다. 할아버지는 이 일로 무척 고무되었다. 독도에 관한 진실의 역사가 일본 사회에 퍼져 나간다면 일본인들의 인식도 바뀌어 나갈 수 있다고 확신했다.

이 행사를 기획하고 추진했던 할아버지는 국내 언론매체YTN와의 인터뷰에서 일본에서 살면서도 우리 땅을 우리 땅이라고 말하지 못했던 지난 현실에 가슴 아파하며 가슴 깊은 곳에 자리한 울분을 토로하였다.

"왜 올바른 역사 인식을 말하지 않을까요? 가슴이 터질 것 같습니다."

거칠 것 없는 할아버지의 홍보 활동

'죽도의 날을 다시 생각하는 모임'에서는 정기적으로 '죽도의 날을 다시 생각하는 집회'라는 이름으로 강연회를 가졌다. 2013년에는 2월 15일 대규모 '죽도의 날' 대응행사를 비롯하여 4월 22일 발족식겸 강연회, 9월 29일 강연회, 12월 21일 강연회 등 모두 4차례 행사를 가졌다. 그럴 때마다 도다 의원, 구로다 씨, 구보이 씨 등 주로 일본인들이 발표자로 나서서 독도 및 역사에 대해 발표를 했다.

한편, 할아버지는 오사카 시내를 다니며 '모임'에서 주최하는 강연회 참석을 독려하는 안내와 함께 독도 관련 홍보 활동도 지속적으로 전개하였다. 할아버지는 신문사에 일본의 독도 주장을 비판하는 기고문을 보내기도 했지만, 다른 한편으로는 독도의 진실 6개항을 광고 형식으로 지역 신문에 게재하기도 하였다. 일본 현지의 한국계 신문인 『통일일보』에 '죽도의 날을 다시 생각하는 모임'의 이름으로 독도의 진실 6개항을 게재한 것도 한 사례이다.

광고는 "'죽도의 날'이 있는 한 한일 간의 진정한 친선은 없다"는 것과 함께 "진실의 역사를 알자"를 타이틀로 하였다. 명함 크기의 광고를 내는 데는 5만 엔이 필요했다. 신문에 의견광고를 내는 일에는 큰 돈이 들기 때문에 지속적으로 하기에는 어려움이 컸다. 그럼에도 할아버지는 독도 역사의 진실을 일본인들에게 알리는 것이 최선이라고 생각하여 기회가 되면 그러한 홍보를 계속하고자 했다.

할아버지는 동네 전봇대에도 독도의 진실 6개항 홍보물을 게시하고, '죽도의 날을 다시 생각하는 모임'의 이름으로 오사카 시내를 돌며 홍보전단지를 뿌리는 활동도 쉼없이 했다. 또 오사카 번화가 한편에서 확성기를 들고 홍보를 하였다. 이때 '죽도의 날'이 주는 심각한 폐해를 알리는 홍보 자료도 만들어 배부하였다. 그 자료에는 2005년 3월 '죽도의 날' 제정 후 교도통신4월 16일에서 조사한 한일 지자체 간의 교류 중단 또는 연기 사례가 적혀 있었다. 즉 시마네현과 경상북도의 교류 중단을 포함하여 모두 26개 한일 지방자치단체 간의 교류가 중지 또는 연기된 현황을 보여 주며 그 폐해의 심각성을 공유하고자 했다.

할아버지는 쉬지 않았다. '모임'의 이름으로 트럭에 독도에 관한 현수막을 내걸고 오사카 시내를 다녔다. 그리고 시마네현이나 외무성, 문부과학성 등에도 항의 편지를 보냈다. 할아버지는 한국의 단체와 연대도 추진하고자 했으나 뜻대로 잘 되지 않았다.

지칠 줄 모르고 거칠 것 없는 할아버지의 활동은 모임에 참가한 사람들도 감당하기 어려울 정도였다. 이러한 할아버지의 활동에 반대하는 목소리가 내부적으로 하나둘 생겨나기 시작했다. 할아버지는 그냥 물러날 분이 아니었다. 따지고 들며 논쟁을 벌여야 했다. 그것이 건설적인 방안을 찾아가려는 그분의 방식이었다.

2014년 1월 오사카에서 할아버지를 만났을 때의 일이다. 그때 할아버지는 나를 모임의 회원들에게 소개해 주고자 오사카 시내에 있는 식당으로 몇몇 임원들을 초대했었다. 그런데 오기로 한 회원들의 모습은 보이지 않았고, 전화를 걸어보았지만 받지 않았

「竹島の日」が有る限り、
日韓に真の親善は無い。

真実の歴史を知ろう！

一、一八九六年一月　徳川幕府が日本領で無いとし渡海禁止令を出し、「竹島」の件は決着。
二、一八七七年九月　地籍編纂の質疑で、太政官(明治天皇代理)指令により決着。
三、一九〇〇年　大韓帝国高宗皇帝の勅令で郡守に管理させる。
四、一九〇五年 桂内閣は主の無い島とし、島根県に編入を閣議決定。
五、一九四六年一月 GHQはカイロ宣言を実行し、独島=竹島を韓国へ返す、それ以来、韓国漁民は自由往来し漁をしている。
六、一九五二年一月　李承晩ラインにより武力で奪ったと歴史を隠蔽、歪曲し、奪い返せと言っている。

※広大な東海（日本海）のど真ん中には鬱陵島と一島（独島等どんな島名であれ）の二つの島しか無いのである。

「竹島の日」を考え直す会

그림 19 | '독도의 진실 6개항'이 담긴 신문 광고와 전봇대의 홍보물

할아버지는 '독도의 진실 6개항'을 '죽도의 날을 다시 생각하는 모임' 명의로 신문 광고를 내고, 또 동네 전봇대에도 홍보물을 붙였다.

다. 결국 한 사람도 나오지 않았다. 이미 조직에 균열이 간 것이다. 할아버지는 심한 자괴감을 표하시며, 더 이상 모임의 대표로 있을 수 없다는 판단을 하였다. 분위기는 그랬지만 이미 계획한 2014년 2월 시마네현 '죽도의 날' 대응행사를 무사히 치르는 것이 중요했다.

2014년 '죽도의 날' 대응행사

2014년 2월 22일, 시마네현에서 '죽도의 날' 행사가 열리는 오후 1시에 오사카에서는 '죽도의 날을 다시 생각하는 모임'이 주최하는 '죽도의 날' 행사에 반대하는 행사가 열렸다. 2013년 2월에 이어 두 번째 대응행사였다. 행사장은 300석이나 되는 좌석을 갖춘 스미요시住吉 구민센터였다. 할아버지는 그 좌석을 모두 채우기 위해 자전거를 타고 비가 오나 바람이 부나 오사카 시내를 돌았고, 또 지하철 역 입구에서 지나가는 사람들에게 홍보전단지를 뿌렸다.

비록 전 좌석을 채우지는 못했지만 약 200명 정도의 일본인과 재일동포들이 참가하였다. 그날 행사는 개회사, 독도 동영상 상영, 강연인권, 독도, 결의문 낭독으로 이어졌다. 모임의 이사인 구로다 요시히로 씨가 "샌프란시스코 강화조약 전후의 독도 귀속 논의 분석"에 대해 발표했다. 모임의 부대표인 구보이 노리오 씨는 "대한제국 칙령으로 독도를 정당하게 영유한 것임을 새로운 사료로 입증하다"란 주제로 발표했다. 모임의 고문인 도다 히사요시 의원은 인권을 주제로 강연하였다.

이들은 결의문도 작성하여 낭독하였다. 일본 정부의 고유 영토론, 국제사법재판소 제소 제의, 학습지도요령 관련 영토 교육 등에 대해 비판하고, 시마네현 '죽도의 날'을 폐지할 것을 촉구하였다. 그리고 한일 양국에 '독도 문제' 공개 논의, 시마네현과 경상

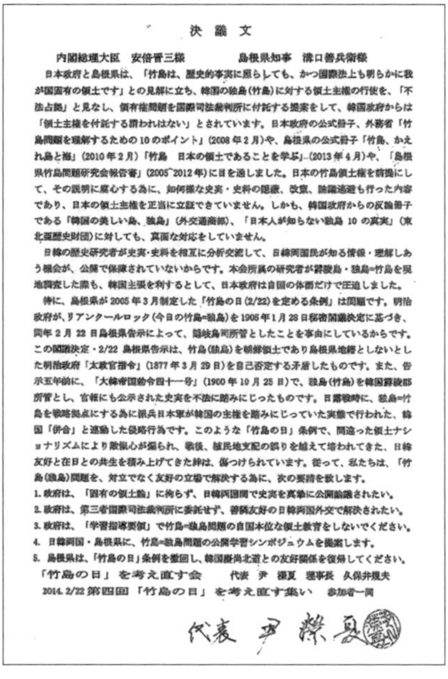

決議文

内閣総理大臣　安倍晋三様　　　　島根県知事　溝口善兵衛様

日本政府と島根県は、「竹島は、歴史的事実に照らしても、かつ国際法上も明らかに我が国固有の領土です」との見解に立ち、韓国の独島(竹島)に対する領土主権の行使を、「不法占拠」と見なし、領有権問題を国際司法裁判所に付託する提案をして、韓国政府からは「領土主権を付託する謂われはない」とされています。日本政府の公式冊子、外務省「竹島問題を理解するための10のポイント」(2008年2月)や、島根県の公式冊子「竹島、かえれ島と海」(2010年2月)「竹島　日本の領土であることを学ぶ」(2013年4月)や、「島根県竹島問題研究会報告書」(2005~2012年)に目を通しました。日本の竹島領土権を前提にして、その説明に腐心する為に、如何様な史実・史料の隠蔽、改竄、論議逃避も行った内容であり、日本の領土主権を正当に立証できていません。しかも、韓国政府からの反論冊子である「韓国の美しい島、独島」(外交通商部)、「日本人が知らない独島10の真実」(東北亜歴史財団)に対しても、真面な対応をしていません。

日韓の歴史研究者が史実・史料を相互に分析交流して、日韓両国民が知る情報・理解しあう機会が、公開で保障されていないからです。本会所属の研究者が鬱陵島・独島=竹島を現地調査した際も、韓国主張を利するとして、日本政府は自国の体面だけで圧迫しました。

特に、島根県が2005年3月制定した「竹島の日(2/22)を定める条例」は問題です。明治政府が、リアンクールロック(今日の竹島=独島)を1905年1月28日秘密閣議決定に基づき、同年2月22日島根県告示によって、隠岐島司所管としたことを事由にしているからです。この閣議決定・2/22島根県告示は、竹島(独島)を朝鮮領土であり島根県地籍としないとした明治政府「太政官指令」(1877年3月29日)を自己否定する矛盾したものです。また、告示五年前に、「大韓帝国勅令四十一号」(1900年10月25日)で、独島(竹島)を韓国鬱陵郡所管とし、官報にも公示された史実を不法に踏みにじったものです。日露戦時に、独島=竹島を戦略拠点にする為に派兵日本軍が韓国の主権を踏みにじっていた実態で行われた、韓国「併合」と連動した侵略行為です。このような「竹島の日」条例で、間違った領土ナショナリズムにより敵愾心が煽られ、戦後、植民地支配の誤りを越えて培われてきた、日韓友好と在日との共生を積み上げてきた絆は、傷つけられています。従って、私たちは、「竹島(独島)問題を、対立でなく友好の立場で解決する為に、次の要請を致します。

1. 政府は、「固有の領土論」に拘らず、日韓両国間で史実を真摯に公開論議されたい。
2. 政府は、第三者国際司法裁判所に委託せず、善隣友好の日韓両国外交で解決されたい。
3. 政府は、「学習指導要領」で竹島=独島問題の自国本位な領土教育をしないでください。
4. 日韓両国・島根県に、竹島=独島問題の公開学習シンポジュウムを提案します。
5. 島根県は、「竹島の日」条例を撤回し、韓国慶尚北道との友好関係を復帰してください。

「竹島の日」を考え直す会　　代表　尹　濼夏　理事長　久保井規夫

2014.2/22 第四回「竹島の日」を考え直す集い　参加者一同

代表 尹 濼夏

그림 20 | 2014년 '죽도의 날' 대응행사에서 채택된 결의문

이날 행사의 마지막 순서로 일본 총리와 시마네현 지사에게 보내는 결의문 낭독이 있었다. 결의문은 대표인 할아버지 명의로 보내졌다.

북도의 관계 복구, '독도 문제' 공개 학술 심포지움 개최 등을 제안하였다.

하지만 이미 '모임' 내부적으로는 도저히 할아버지와 함께 할 수 없는 분위기였다. 할아버지에게는 그날이 '죽도의 날을 다시 생각하는 모임'의 마지막이었던 셈이었다. 할아버지는 모임을 발족하고 채 1년도 안 되어 떠나게 되었던지라, 그날 감정을 제대로 추스를 수 없었던 것 같다. 행사를 취재한 언론보도에 의하면 '모임의 회장인 윤영하 씨는 때로는 격정을 억누르지 못하고 절규하면서 행사의 취지를 다음과 같이 설명하였다'고 전했다.

"1965년 한일회담 체결 때 재일동포인 우리들도 불만이 있었지만, 일본의 선의를 믿고 미래 지향적인 선린우호를 생각하며 노력해 왔다. 그러나 '죽도의 날' 제정으로 한일관계는 사상누각이 되어 버렸다. 전후 보상 재연 문제도 필연적인 결과이다. 한일관계의 해결 방법은 와다 하루키和田春樹 선생도 이야기하는 바와 같이 '역사적 사실을 일본이 인정하는 것 외에는 길이 없다'는 것이다. '죽도의 날'이 있는 한 재일동포들에게 편안히 지낼 땅은 없다."

행사는 성공적으로 끝났지만, 할아버지는 더 이상 그 모임에 있을 수 없었다.

다시 '독도=죽도 역사홍보사'로

할아버지는 자신이 주도하여 만든 '죽도의 날을 다시 생각하는 모임'의 대표직을 사임하였다. 비록 할아버지는 없었지만, '죽도의 날을 다시 생각하는 모임'의 회원들은 모임의 설립 취지를 계속 이어 나갔다. 모임에서는 새로운 대표를 세우고, 정기적으로 강연회를 개최하고, 또 한국 국회의원의 초청을 받아 국회에서 발표하기도 했다. 그리고 한국에 있는 단체와 협력하며 한국과 일본에서 학술행사를 개최하기도 하였다.

그림 21 | '죽도의 날을 다시 생각하는 모임' 주최 세미나

할아버지가 '죽도의 날을 다시 생각하는 모임'의 대표를 사임한 뒤에도 모임은 새로운 대표를 선임하고, 강연회와 전시회 등의 활동을 계속 이어 나갔다.

할아버지도 '죽도의 날을 다시 생각하는 모임'을 떠났지만, 그 모임이 계속 유지되길 바랐다. 일본 사회에서 독도 역사의 진실을 알리기 위해서는 일본인들의 도움이 절대적으로 필요하다는 생각에서였다.

'죽도의 날을 다시 생각하는 모임'의 이사장인 구보이 노리오 씨가 독도 관련 책 『도설圖說 죽도=독도 문제의 해결: 죽도=독도는 영토문제가 아니라 역제문제다』를 출판했을 때 할아버지는 28권을 구입하였다. 그 책에는 일본의 주장을 비판하는 내용이 담겨 있었다. 할아버지는 그 책을 아베 정부의 각료들과 시마네현 지사, 오사카 지사 등 일본의 주요 인사들에게 배포하기도 하였다. 구보이 씨의 책은 한국어판『독도의 진실』으로도 번역되어 소개되었다.

한편, 할아버지도 그대로 주저앉아 계실 분이 아니었다. 할아버지는 독자적으로 홍보할 수 있는 일을 계획했다. 그즈음 한국의 독도연구자 중 한 분이 독도 관련 상을 수상하고 그 부상으로 받은 상금 전액을 할아버지에게 후원하였다. 고군분투하시는 할아버지가 안쓰럽기도 하고, 또 할아버지의 독도운동 취지에 공감한 바도 컸기 때문이다. 그 후원금은 할아버지에게 새로운 동력이 되었다.

그래서 시작한 것이 트럭 홍보였다. 할아버지는 2014년 모임에서 나온 직후부터 트럭에다가 독도 홍보현수막을 붙이고 오사카 시내를 다니며 독도 홍보전단지를 배부하였다. 홍보전단지에는 할아버지가 만든 독도의 진실 6개항이 담겨 있었다.

'죽도의 날을 다시 생각하는 모임'에서 나온 후 한동안 혼자서 활동을 했다. 그러다가 단체를 만들어 활동하면 좋지 않겠느냐는 주위 사람들의 조언을 받아들여 새로운 단체를 만들었다. 그것이 2014년 6월 22일 발족한 '독도=죽도 역사홍보사'였다. 할아버지가 조직한 3번째 단체였다. 첫 번째는 '죽도(독도)문제연구회', 두 번째는 '죽도의 날을 다시 생각하는 모임'이었다. 할아버지는 이 단체의 규약도 제정하여, 독도에 대한 올바른 역사 인식이 한일 양국관계 개선에 긴요하다는 것과, 시마네현이 '죽도의 날'을 다

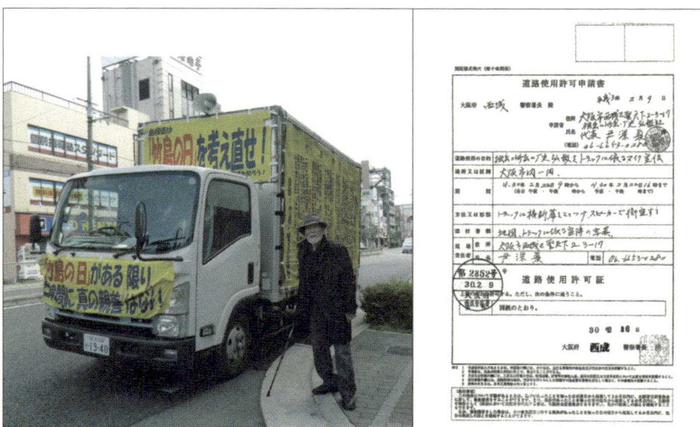

그림 22 | 트럭으로 길거리 홍보 활동을 하는 할아버지

할아버지는 매월 22일이면 오사카는 물론, '죽도의 날' 행사가 있는 날에는 시마네현 마쓰에시까지 가서 홍보를 하였다. 트럭을 이용한 홍보를 할 때는 매번 도로사용허가를 받아야 했다. 오른쪽 사진은 도로사용허가 신청서와 허가증이다.

시 생각하고 경상북도와 교류를 재개하는 것이 필요한 바, 이러한 점들을 실현하는 것을 단체의 목적으로 하였다.

구체적인 사업으로는 소규모 월간신문을 발간하고, 매월 22일 트럭을 이용한 길거리 홍보 활동을 전개하고, 나아가 오사카와 시마네현을 비롯한 전국으로 활동을 확대하고자 계획했다. 또한 독도 홍보 옥외 홍보간판을 설치하고, 독도역사전시실을 마련하는 등 여러 가지 사업도 제시하였다.

할아버지는 비록 매월 신문을 발행하지는 못했지만, 2015년 9월 『독도=죽도 역사홍보사 신문』이라는 이름으로 제1호를 시작으로 2016년 1월까지 격월로 3호까지 발행하였다. 그 신문에는 독도에 관한 정보와 할아버지의 활동 등이 소개되었다.

할아버지는 '죽도(독도)문제연구회'와 '죽도의 날을 다시 생각하는 모임'에서 함께했던 회원들을 모두 두고 나왔기에 이 모임을 거의 혼자 운영하였다. 다만 할아버지가 필요로 할 때 자발적으로 또는 할아버지의 권유로 돕는 사람들이 있었다. 재일동포뿐만 아니라 일본인들도 할아버지를 도왔다. 대부분이 자원봉사이며, 여의치 않은 경우 아르바이트처럼 비용을 주고 운전자를 섭외하기도 했다.

할아버지는 시마네현 '죽도의 날'에도 항의 시위차 직접 트럭을 타고 행사가 열리는 시마네현 마쓰에시로 갔다. 2015년과 2016년에 이어, 2018년 2월 22일에도 갔다. 우익 선전차량에 맞

この間の活動の記録

史実が証明！独島＝竹島は韓国の領土

独島＝竹島 歴史弘報社 新聞

島根県は「竹島の日」制定を撤回せよ！

団体発足！機関紙第一号を発刊！

真の日韓友好を求めて活動開始

日韓間の冷え込みは「竹島の日」が根本原因

ユン・ヨンハ代表より皆さまへ

日本政府の間違った政策によって、マスコミの間違った報道によって、国民は職務上でもミスを犯している！

그림 23 | 『독도=죽도 역사홍보사 신문』

할아버지는 2015년 9월 이후 4쪽짜리 신문을 3차례 발행하였다. 이 신문에는 독도에 관한 정보와 할아버지의 독도 홍보 활동 소식 등을 소개하였다.

서 독도의 진실 6개항이 적힌 현수막을 트럭에 붙이고 마쓰에 시내를 돌며 시민들에게 독도의 진실을 알리고자 했다. 할아버지는 2019년에도 시마네현에서 항의 시위를 벌이고자 했으나 트럭과 운전자를 마련할 비용이 없어서 이루지 못했다.

덴노지 공원에서의 독도 홍보

할아버지는 더 이상 트럭을 임차할 비용도 없고, 또 건강도 여의치 않아 이동하지 않고 한 자리에서 홍보하는 방안을 강구했다. 그래서 생각한 곳이 오사카에서 가장 오래된 공원인 덴노지天王寺 공원이었다. 할아버지는 매월 22일 사람들이 많이 모이는 그 공원에서 홍보를 하고자 했다.

매월 22일을 독도 홍보의 날로 정한 것은 시마네현 '죽도의 날'이 2월 22일이기 때문이다. 2월 22일에 하면 1년에 한 번밖에 할 수 없지만, 매월 22일에 2월 22일을 생각하며 활동을 하면 지속적으로 홍보를 할 수 있었던 것이다.

할아버지가 덴노지 공원에서 홍보를 하기 위해서는 공원관리사무소의 허락을 받아야 했다. 한 번 허락을 받으면 한 번 행사를 할 수 있기 때문에 다음에 할 때는 또 허락을 받아야 했다. 처음에 공원관리사무소의 허락을 받는 것은 결코 쉬운 일이 아니었다. 공원관리사무소에서 이런저런 구실로 허락하지 않으려 했다. 할아버지는 물러서지 않고 여러 차례 드나들면서 집요하게 요구한 끝에 허락을 받을 수 있었다. 원래는 홍보 장소를 사람들이 많이 다니는 곳으로 정했으나, 공원관리사무소에서는 혹시 있을지 모를 불상사를 염려하여 파출소 옆 공터로 지정하였다. 일본 경찰이 있는 파출소 옆에서 독도 홍보를 하게 된 것이다.

할아버지는 독도의 진실 6개항이 적힌 현수막을 걸고, 그 앞에 탁자를 두고 독도 관련 홍보자료와 활동을 소개하는 전단지를 놓았다. 또 그 옆에는 모금함을 두어 참여를 유도하며 큰 소리로 독도를 홍보했다.

현수막을 걸기 위해서는 설치대가 필요한데, 할아버지는 설치와 철거가 쉽도록 설치대를 고안하여 제작했다. 그러나 90세가 넘은 나이에 그 일을 하는 것은 여간 어려운 일이 아니었다. 시간이 갈수록 힘에 부쳤다. 계단을 오르내리며 대중교통을 이용하는 것도 쉽지 않아 집이 있는 니시나리에서 덴노지 공원까지 삼륜 자

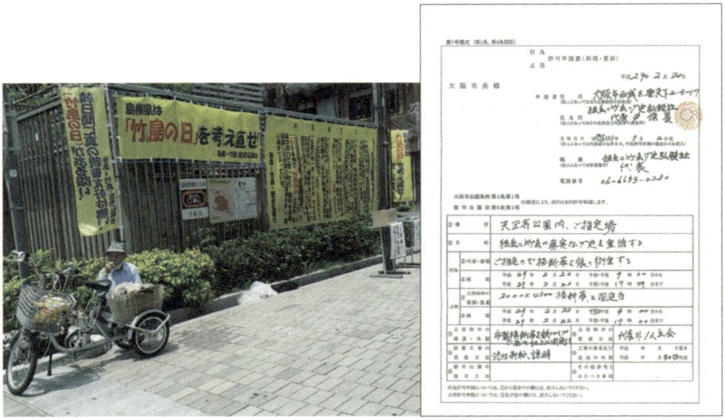

그림 24 | 덴노지 공원에서 독도 홍보

할아버지가 오사카 덴노지 공원에서 독도 홍보를 하고 있다. 이곳에서 독도 홍보를 하기 위해서는 매회 덴노지동물공원사무소의 허가를 받아야 한다. 오른쪽 사진은 할아버지가 독도 홍보를 위해 공원사무소에 제출한 행위·점용 허가신청서이다.

전거를 몇 시간씩 타고 이동하기도 했다.

할아버지는 주변의 재일동포나 일본인 지인들의 도움을 받으며 매월 22일 덴노지 공원에서 독도 홍보를 진행했다.

할아버지의 모국행 모금 활동

할아버지에게는 오래된 꿈이 하나 있는데 일본에 독도의 진실을 알리는 옥외 홍보간판을 세우고, 독도역사자료실을 만드는 것이다. 이를 위해서는 많은 재정이 필요했다.

그래서 할아버지는 '한국에는 도와줄 사람이 있지 않을까' 하는 기대감에 2017년 한국에 왔다. 그러나 이마저도 수월하지 않았다. 할아버지는 10월 25일 '독도의 날'에 사람들이 많이 다니는 서울역과 동대구역에서 모금을 하면 호응이 있지 않겠냐고 생각했다. 10월 25일은 독도를 울도군의 관할로 규정한 대한제국 칙령 제41호가 제정된 날로, 민간단체에서는 이날을 '독도의 날'로 정하고 서울을 비롯하여 전국에서 다양한 행사를 개최한다.

90세가 넘은 노인이 혼자 해외여행을 하는 것은 결코 쉽지 않은 일이다. 하물며 무릎까지 좋지 않아 거동 자체도 불편한 할아버지가 한국에 오는 것은 그 자체로 힘겨운 일이다. 하지만 일본 사회에 독도의 진실을 알려야 한다는 일념 하나가 그 모든 것을 가능케 했다.

2017년 6월에는 보행이 늦어 비행기 이륙 시간에 맞추지 못해 비행기를 놓치는 일까지 있었다. 2017년 10월에는 일본에서 타고 다니던 전동휠체어를 이용한 덕택으로 마침내 고국행을 이루었다. 그런데 가지고 온 전동휠체어를 충전하려다 전압이 맞지 않아 그만 고장나고 말았다. 한국에서는 수리할 수 없어 다시 일본으로 가지고 갔지만 너무 망가져서 폐기할 수밖에 없었다. 2018년 10월에는 비용을 절약하기 위해 오사카에서 여객선을 이용하여 부산까지 가고, 다시 부산에서 차를 렌트하여 차에서 숙박을 하면서 포항과 대구를 거쳐 서울까지 갈 생각이었다. 다행히 주위의 도움으로 버스를 이용했지만, 93세의 할아버지가 어떻게 그런 생각을 할 수 있을까 놀랍기만 했다.

서울역에서 홍보하는 것도 쉽지 않았다. 서울역사 시설물을 이용하기 위해서는 사전에 허가를 받아야 했다. 그런데 할아버지가 사전 통지도 없이 와서 현수막을 걸고 마이크를 사용하겠다고 하니 서울역 관계자로서도 난감한 일이 아닐 수 없었다. 하지만 할아버지의 집념은 그 모든 것을 가능케 하였다. 2018년 1월에는 서울역사 안에서 조그맣게 독도 역사 전시회까지 열었다. 할아버지는 옥외 홍보간판과 독도역사자료실 건립 비용 모금을 위해 무려 4차례나 한국을 방문하였다.

"독도 문제는 일본 국민들이 올바른 역사 인식을 갖지 않는 한 해결되지 않습니다. 해결 방안은 오로지 계몽 선전활동뿐입니다. 그렇지 않고서는 한국 내에서 아무리 외쳐보아야 아무런 효과도

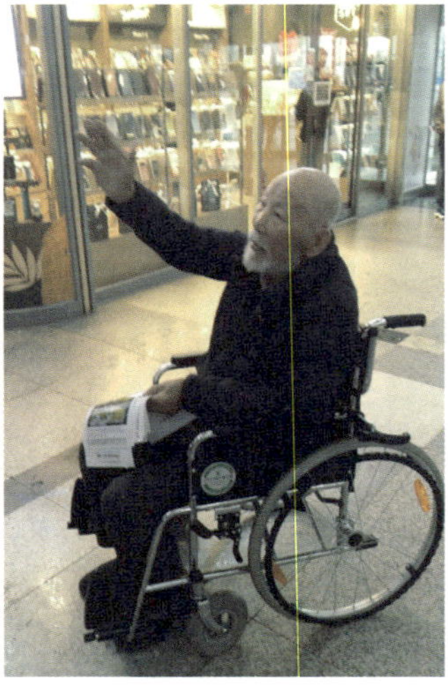

그림 25 | 서울역과 동대구역에서의 독도 홍보

할아버지가 서울역사 밖에서 독도 홍보를 준비하고,위 또 동대구역사 안에서 홍보물을 나누어 주고 있다.아래 할아버지는 '독도 문제'를 해결하기 위해서는 일본 국민들이 독도의 역사를 알 수 있도록 일본에 옥외 홍보간판을 세워야 한다고 했다.

없습니다. 일본 국민들의 눈에 띄는 선전 방법이 가장 효과적입니다. 옥외 홍보간판을 설치하고 트럭을 이용한 선전 활동을 할 수 있도록 고국에 계시는 여러분이 도와주시면 일본의 여론을 바꿀 수 있습니다."

할아버지는 목놓아 외쳤지만 이에 호응하며 후원금을 내는 이들은 거의 없었다. 다행히 할아버지의 독도운동을 취재하던 대구 CBS 권소영 기자가 기사와 함께 후원 계좌번호를 올리자 여러분이 호응하기 시작하였다. 하지만 할아버지가 원하는 옥외 홍보간판과 독도역사자료실 건립 비용을 충당하기에는 어림도 없었다.

독도역사자료실과 옥외 홍보간판

오사카 할아버지 집의 현관문 왼쪽 창문에는 전지 크기의 홍보판이 하나 붙어 있다. 그곳에 독도의 진실 6개항이 적혀 있다. 할아버지는 그 홍보판에 대단한 의미를 부여하였다. 지나가던 사람들이 걸음을 멈추고 그 홍보판의 내용을 읽기도 하고, 또 그 홍보판에 적힌 전화번호로 문의를 하기도 한단다. 또 아침마다 찾는 다방에서 할아버지를 알아보고 말을 걸어오는 사람들도 있다.

할아버지는 집 앞에 홍보판을 붙이는 데 그치지 않고, 우편봉

투는 물론이고 연하장에도 그리고 동네 전봇대에도 독도의 진실 6개항 홍보물을 붙였다.

할아버지는 옥외 홍보간판과 독도역사자료실이야말로 "독도 문제는 일본 국민들이 올바른 역사 인식을 갖지 않는 한 해결이 되지 않는다"는 할아버지의 신념을 효과적으로 표현할 수 있는 방법이라 생각했다.

그 시설물에 대한 할아버지의 계획은 이렇다. 2층집을 구입하여 1층에는 수익을 낼 수 있는 식당을 하고, 2층은 독도역사자료실로 사용하며, 외부에 독도 역사의 진실을 알리는 옥외 홍보간판을 세운다. 나아가 그러한 시설을 시마네현이나 오사카 등 일본의 곳곳에 만든다는 것이다.

"그런 시설을 만들면 일본 우익들의 공격도 만만찮을 텐데"라고 하면, 할아버지는 오히려 그것이 기회란다. 남의 시설을 임대하면 어렵겠지만, 땅과 건물을 구입하여 시설을 하면 사유재산이 되니 사유재산권 침해로 문제를 삼고, 법적으로 대응을 하면 된다는 것이다. 그런 기회를 통해서도 독도를 일본 사회에 알릴 수 있다는 것이다.

할아버지는 자신의 생애에 그 일이 가능하다고 생각지는 않았다. 그래서 함께할 사람들을 찾았고 독도 관련 법인을 만들어 조직화할 계획도 세웠다. 그러나 법인 설립에 필요한 3명의 발기인을 구하는 것조차 어려웠다. 그럼에도 할아버지는 포기치 않았다.

주어진 환경과 조건을 극복할 방안을 찾아가며 일본 사회에 '독도 역사의 진실'을 알리기 위해 한 걸음 한 걸음 나아갔다. 그 걸음은 할아버지가 이 생을 살아가는 이유이기도 했다.

그림 26 | 할아버지의 연하장과 우편봉투

할아버지는 연하장과 우편봉투에도 독도의 진실 6개항을 넣고 '죽도의 날'을 다시 생각하자는 메시지를 공유하고 있다.

에필로그

독도평화대상을 수상하다

윤 할아버지는 2019년 제7회 독도평화대상 동도상東島賞을 수상하였다. 독도평화대상은 독도평화재단이사장 이병석에서 2013년 제정한 것으로, 매년 독도 수호와 홍보 활동에 공이 큰 개인이나 단체에 수여하고 있다. 독도평화대상에는 동도상과 서도상이 있는데, 독도의 동도와 서도의 이름을 따서 정한 것이다.

할아버지는 수상자로 선정되었다는 소식을 듣고 그 상을 받지 않으려고 했다. 자신보다 더 독도를 위해 애쓴 분들이 수상하기를 바랐다. 그러다가 추천인을 비롯한 여러 사람이 설득하여 수상을 하게 되었다. 이 상을 통해 여러 사람에게 할아버지의 꿈을 알릴 수 있고, 또 할아버지의 꿈을 실현하는 데 도움이 될 수 있을 것이라는 의견을 받아들인 것이다.

할아버지는 시마네현의 '죽도의 날' 조례 제정이 한일관계를 크게 훼손한다고 보고, '죽도의 날'을 폐지해 경상북도와 시마네현의 관계를 복원할 것을 촉구해 왔다. 이를 위해 일본 현지에서 독도 관련 단체를 조직하는 등 독도가 한국 땅이라는 것을 지속적으로 알려왔다. 독도평화재단에서는 그 점을 공로로 인정한 것이다. 또한 그의 열정적인 독도 사랑은 우리 국민들에게 큰 귀감이 될 것으로 여겼다.

윤 할아버지는 몸이 불편하여 2019년 12월 9일에 열린 독도평화대상 시상식에는 참석하지 못하였지만, 굳은 신념을 담은 수상 소감문을 전했다. 시상식장에서 할아버지의 수상 소감이 대신 읽혔다.

> 안녕하십니까.
>
> 독도평화대상 수상자로 이 노생이 결정됐다는 감사하고 반가운 소식을 받았습니다. 이 모두가 독도를 위해 염려하시고 고생하신 여러 선생님의 덕택이라 생각하며 한일 간의 역사를 다시금 생각해 봅니다.
>
> 일본의 독도 정책은 일본 고유의 영토를 한국이 무력으로 빼앗았다고 자국민에게 가르치고 있습니다. 그렇지 않다는 역사의 진실을 일본 국민에게 직접 알려야 합니다. 그러기 위해선

일본에 독도역사자료실을 만드는 방법밖에 없다고 생각합니다.

여러 선생님의 뜨거운 성원을 감사히 받아 독도는 한국 땅이라는 현수막을 건 트럭을 몰고 내년에 다시 한번 시마네현을 돌아볼까 합니다. 이 기회에 재일동포에게 호소합니다. 일본 땅인 독도를 한국이 무력으로 빼앗았습니까?

한국 국적을 가진 민단이 더욱 앞서서 독도 역사를 공부하고 올바른 역사 인식을 일본 사람에게 알리는 것이 일본에서 살고 있는 한국인의 의무가 아닐까요. 10여 년간 생각한 답은 일본에 땅을 사서 일본인이 항상 볼 수 있는 독도자료실과 홍보판을 세우는 방법밖에 없다는 것이 독도에 대한 저의 신념입니다.

뜻하지 않은 독도평화대상을 받게 되어 다시 한번 감사합니다.

할아버지는 평소 생각해 온 바를 수상 소감으로 대신하였다.

첫째, 독도평화대상을 수상하게 되어 감사하다. 이것은 독도를 위해 수고한 여러 선생님의 덕택이다. 둘째, 일본 국민들에게 독도 역사의 진실을 직접 알려야 한다. 그러기 위해 일본에 독도역

그림 27 | 2016년 11월 할아버지의 서울 방문

왼쪽에서부터 제9대 국회의원을 지낸 할아버지의 친구 강길만 씨, 윤 할아버지, 할아버지를 옆에서 도왔던 재일동포 태종영 씨, 그리고 필자가 자리를 함께했다.

사자료실과 옥외 홍보간판을 세워야 한다. 셋째, 재일민단과 재일동포들이 앞서서 독도의 역사를 공부하고 일본 사람에게 알려나가야 한다. 그것은 한국 사람으로서의 의무다.

할아버지는 부상으로 받은 상금을 일본 국민에게 독도를 알리는 데 사용하고자 했다. 2020년 2월 22일 시마네현 '죽도의 날' 행사 때 트럭을 타고 마쓰에 시내를 돌며 독도 역사의 진실을 알릴 계획이었다.

뼈 한 조각이라도 독도에 뿌려 달라

2020년 2월 시마네현 '죽도의 날' 때 할아버지는 시마네현에 가지 못했다. 오사카 덴노지 공원에서도 홍보 활동을 하지 못했다. 세계적 대유행으로 번져가는 코로나19신종 코로나바이러스 감염증 여파가 할아버지에게도 닥쳤다. 외부 활동이 극도로 제한되었다. 그만큼 할아버지의 몸도 불편하고 굳어만 갔다.

하지만 할아버지의 정신은 더욱 또렷해졌다. 할아버지는 그 상황에 맞게 독도를 홍보할 방법을 찾았다. 할아버지는 독도평화대상으로 받은 상금 중 일부로 일본 현지 잡지*Korea Today*, 2020년 4월호에 독도 광고를 게재했다. 2020년 4월이었다.

"독도는 한국 땅, 일본에서 독도에 대한 역사 인식을 바꾸는 홍보 활동을 하지 않으면 안 됩니다."

할아버지는 일본 국민에게 독도의 진실을 알리는 일에 적극 나설 것을 촉구하며 독도 역사의 진실을 밝히는 10개항을 소개했다. 기존의 6개항에서 4개항을 더 추가하였으나 핵심은 6개항이다. 광고에는 사진도 담았다. 지난 몇 년간 오사카와 마쓰에 시내를 다니며 펼친 트럭 홍보와 덴노지 공원에서 활동한 사진들이다.

그런데 이것이 할아버지가 이 땅에서 한 마지막 독도 홍보였다. 할아버지는 지난 2020년 8월 22일 95세를 일기로 소천하셨다. 할아버지가 이 땅을 떠난 22일이란 날짜가 그냥 다가오지 않았다. 생이 다하기까지 한 번이라도 더 독도 홍보를 하고 싶으셨던 것 같다.

할아버지는 2013년 '죽도의 날을 다시 생각하는 모임'을 조직한 이래 매월 22일 홍보 활동을 해오셨다. 길거리 홍보도, 트럭을 이용한 홍보도, 덴노지 공원 홍보도 매월 22일에 하셨다. 그것은 '죽도의 날'인 2월 22일을 고려하여 '죽도의 날이 있는 한 한일 양국의 진정한 우호관계는 없다'는 메시지를 전달하기 위함이었다. 올해 들어 몸이 좋지 않아 매월 22일에 하는 덴노지 공원 홍보는 3월22~23일이 마지막이었다.

할아버지는 병원에 계시는 날에도, 소천하시는 8월 22일에도 마음은 덴노지 공원에 가 계셨을 것이다. 그리고 "'죽도의 날'이 있는 한 한일 우호친선 관계는 없습니다. 여러분, 이것이 독도 역사의 진실입니다"라고 외쳤을 것이다.

윤 할아버지는 돌아가시기 전 '기록'이란 두 글자를 쓰셨다고 한다. 말을 할 수 없는 상태이니 글로 마지막 말씀을 남긴 것이다. 왜 '기록'이란 글자를 썼는지 알 수 없다. 생각건대 기록이란 우리에게 많은 것을 이어 준다. 생각을 이어 주고, 뜻을 이어 주고, 또 잊혀 가는 것들을 남기게 한다.

할아버지는 몇 년 전부터 일본에서 독도를 홍보할 사람을 찾았지만 끝내 만나지 못하고 돌아가셨다. 비록 생전에는 그런 사람을 찾지 못했지만, 이 책을 통해 할아버지의 활동이 '기록'으로 남아 할아버지의 뜻과 정신이 사람들의 머리와 가슴으로 이어져 나가면 좋겠다.

언젠가 할아버지에게 일본에 옥외 홍보간판을 세우는 것 외에 다른 바람이 있냐고 여쭌 적이 있다. 할아버지는 당신의 몸을 실험용으로 병원에 기증할 것을 서약했다며, 실험 후 남은 뼛조각이 있으면 갈아서 독도 주변 바다에 뿌려졌으면 좋겠다고 하셨다.

생의 마지막 순간, 한 숨 남은 열정까지 바친 할아버지께서 저세상에 가서라도 독도 역사의 진실을 알리고 한일 양국의 국민들이 사이좋게 지내는 세상을 만드는 데 보탬이 되고 싶은 마음에 그 같은 바람을 전한 것 같다.

그림 28 | 윤영하 할아버지의 마지막 덴노지 공원 홍보(2020년 3월 22일)

덴노지 공원 홍보를 마치고 할아버지는 필자에게 사진과 함께 다음과 같은 내용의 이메일을 보내왔다.

"일본 친구 5명의 도움으로 현수막과 판넬 설치가 순조로웠고, 일기도 아주 좋은 봄 날씨였고 벚꽃도 피기 시작하여 좋은 날씨였으나, 가끔 돌풍이 불어 3회나 넘어졌으나 5명이 열심히 도와준 덕택에 어제 하루 버틸 수 있었습니다. 모금함에 20엔, 팸플릿 자진 소비 4권, 일본 친구에게 팸플릿 배부 요청을 않으니 자진 배부를 해 주지 않습니다. 참으로 힘든 운동임을 느꼈습니다. 사진 보내겠습니다. 안녕"

부록

대구CBS 권소영 기자의

윤 할아버지에 대한 기록

1. "일본에 독도 홍보판 세우자, 92세 재일교포의 외침"

- 대구CBS 권소영 기자/ 2017년 6월 30일

오사카서 독도의 진실 외쳐온 윤영하 씨 "일본 사회에 독도 문제 알려야"

일본에서 독도 역사 바로 알리기에 혼신의 힘을 쏟고 있는 재일교포 윤영하92 씨가 30일 서울과 대구를 방문해 독도 홍보판 설치에 대한 시민 후원을 독려하고 있다.

일본에서 '독도 바로 알리기'에 헌신해 온 90대 재일교포가 일본인을 상대로 독도 문제를 알리는 홍보판 설치에 뛰어든다. 일본 오사카에 거주하는 윤영하 씨가 그 주인공. 일본 시마네현에서 '죽도의 날'을 지정한 2005년부터 그는 독도 문제에 대한 관심을 꾸준히 가져 왔다. 독도 역사 공부는 물론 일본 현지 신문에 독도 역사의 진실을 알리는 항의 글을 보냈던 그는 지난 2013년 본격적인 활동을 펼치기 시작했다. '일본인과 한국인이 함께 죽도의 날을 다시 생각하는 모임'을 만들어 강연회를 열고, 일본 사회 곳곳에서 독도 바로 알기를 외쳤다. 올해는 2월 22일부터 매달 22일 오사카 시내 공원에서 '독도는 일본 땅이 아니다'라는 문구가 적힌 현수막들을 걸고 독도 홍보전을 펼치고 있다.

매달 22일 일본 오사카에서 '독도는 일본 땅이 아니다'라는 내용의 현수막을 걸고 독도 홍보전을 펼치는 재일교포 윤영하92 씨.

일본 사회에 독도 문제를 제대로 알리는 것이 독도 문제를 해결하는 첫걸음이라고 그는 믿고 있다. 그런 그가 일본 사회에 독도 문제를 알리는 데 국민의 동참을 독려하기 위해 30일 서울과 대구를 잇달아 방문했다. 일본에서 사유지를 장만해 독도역사전시관과 '독도는 일본 땅이 아니다'라는 내용의 옥외 간판을 세우자는 것이 그의 구상이다. 오사카 자택에 붙여 놓은 독도 문구를 본 행인이 독도에 대해 질문을 던지면 대답해 주는 경험에서 독도 문제 알리기의 중요성을 깨달았던 터다. 윤 씨는 "독도 문제는 직접 일본 국민에게 알리는 길밖에 없다"며 "땅을 사서 역사전시관, 옥외 간판을 세워 일본인에게 진실을 깨우쳐 줄 수 있다"는 내용의 홍보전단지를 만들어 시민들에게 나눠줄 계획이다.

전단지에는 "여러분이 협력해 주시면 옥외 간판 건립이 가능합니다. 후원해 주신 분들께 반드시 영수증과 결과 보고를 드릴 것을 약속합니다"라는 호소문이 적혔다.

동북아역사재단 독도연구소 홍성근 소장은 "형편이 넉넉지 못

윤 씨가 시민에게 나눠준 전단지. 독도역사전시관과 옥외 간판 건립 후원을 호소하고 있다.

한 할아버지께서 불편한 몸을 이끌고 한국에 오신 건 독도 문제 알리기에 국민의 지지와 동참을 얻기 위한 것"이라며 "독도연구소에 도움을 청하고 독도전시관과 옥외 간판을 세울 일본 시마네 현 땅도 알아보고 계신 중"이라고 밝혔다. 이어 "세상 끝날 때까지 독도 문제를 일본에 알리실 분"이라며 "그의 불타는 의지와 정신을 우리 국민들도 알아주셨으면 좋겠다"고 밝혔다.

한편 대구지방변호사회 독도평화위원회는 이날 오후 5시 30분 동대구역에서 윤 씨의 후원 홍보 활동을 도울 예정이다.

notold@cbs.co.kr

2. 92세 재일교포 일본에서 독도를 외치다

-대구CBS 권소영 기자·영상 배진우 기자/ 2017년 10월 24일

<독도의 날 특집> ①
독도 역사 전도사 윤영하 할아버지의 고군분투기

지난 6월 올해 92세인 재일교포 윤영하 할아버지가 모국 땅을 밟았다. 주름이 패인 양손에 "일본에 독도 홍보판을 세우자"며 후원을 호소하는 전단지 1000장을 든 채였다. 서울역 한복판에서 행인에게 전단지를 나눠 주자 역사 직원들이 다가와 할아버지를 막아 세웠다. 일본에서도 겪지 못한 일이었다.

홍보 활동을 이어가려 대구에 도착한 할아버지에게 한 지인은 부채를 선물했다. 독도가 그려진 부채였다.

"일본에 독도 홍보판 세우자" 간절한 호소에도 모금액은 '0원'

"독도 역사 문제를 바로잡는 일에 이런 기념품이 다 무슨 소용 있냐"며 그는 씁쓸해했다. 거액의 후원금이 모이리라는 기대는 꿈에도 품지 않았다. 일본 사회에 요청한 도움의 손길을 수십 번 거절당한 할아버지였다. 한 핏줄 국민만큼은 자신의 목소리를 외면하지 않으리라 확신했다. 3개월이 지난 지금 할아버지의 계좌에 모금된 돈은 0원. 그의 낙담이 염려돼 전화를 걸자 할아버지는

해외 송금 계좌에 문제가 있었고, 이번엔 제대로 준비해 보겠다고 말했다. 담담한 목소리에 오히려 위안을 받은 기자는 그가 사는 일본으로 향했다.

일본 최초 '죽도의 날' 규탄 모임 만들고 독도 역사 알려

지난 9월 20일 오밀조밀한 주택이 밀집한 일본 오사카시 니시나리구의 한적한 골목길. 비슷한 건물 사이로 할아버지의 집이 확연히 구별됐다. 일본어로 적힌 독도 역사 연표가 집 바깥 창문을 가득 메우고 있었던 것. 독도가 일본 땅이 아니라고 확인한 도쿠가와 막부의 명령에서부터 1900년 고종황제의 칙령 반포, 1905년 러일전쟁 당시 일본의 독도 편입에 이르기까지 독도를 둘러싼 한일 양국의 역사가 빼곡히 적혀 있었다.

윤 할아버지가 일본 오사카 자택 창문에 붙인 독도 역사 연표

그와 꼭 닮은 그의 집은 지나는 사람을 붙들고 독도의 진실을 외치고 있었다.

"창문에 붙인 연표를 보고 질문을 던지는 사람도 있었고 제가 말을 걸기도 했습니다. 이를 부정하는 사람들은 집 안으로 데려와 제가 가진 자료를 보여 주며 설명했어요. 끝내 그들도 이런 시각이 있다는 것을 인정했습니다."

그렇게 할아버지는 왜곡된 역사관이 심어진 일본인들을 자신만의 방법으로 일깨웠다. 독도 역사에 관한 책과 문서, 자료들로 발 디딜 틈이 없는 열 평 남짓한 그의 집은 흡사 독도자료관을 방불케 했다. 자나 깨나 독도 생각에 파묻혀 사는 일상이다. 이렇게 할아버지가 여생을 걸고 독도 홍보 운동에 뛰어든 건 일본 시마네현이 '죽도다케시마의 날'을 정한 2005년 2월부터다. 나름대로 항의 기고문을 써 신문사에 투고했고 여러 시민단체의 문을 두드렸다. 일본의 천황탄신일을 반대하는 단체나 난징대학살을 추모하는 모임에 참석해 그가 직접 만든 독도 역사 전단지를 돌렸다. 그 모임에서 독도 역사를 연구하는 일본인 학자와도 처음 인연을 맺었다.

"잘 알고 지내던 한국계 신문사 지국장이 사람들을 모을 테니 저더러 기고문에 쓴 내용을 직접 강연해 보라고 하더군요. 그들이 '죽도의 날'을 달리 생각해 보는 계기가 되도록 말입니다. 그렇게 탄생한 것이 제가 만든 '죽도의 날을 다시 생각하는 모임'입니다."

그는 일본 역사학자와 재일교포 단체와 의기투합해 2013년 2월 이 모임을 출범시켰다. 역사와 논리에 근거한 독도 지식을 함께 익히고 대중 강연회도 열었다. 1년을 겨우 넘겼을 때 초대 회장이었던 할아버지는 이 모임과 끝내 갈라서고 말았다. 궁극적인 뜻은 같았지만 추구하는 노선이 달랐다. 시마네현 지사를 찾아가 항의하거나 거리로 나가 독도 선전을 하는 할아버지의 '과격한' 방식을 모임은 포용하지 못했다. 그 뒤 할아버지는 혈혈단신 자신의 길을 개척해갔다. '독도=죽도 역사홍보사'라는 이름으로 트럭에 독도 현수막을 내걸고 오사카 시내를 돌았고, 때로 시마네현에서 독도 역사를 외쳤다.

이번엔 걸음을 옮기지 못할 정도로 악화된 건강이 그의 발목을

매달 22일 오사카 덴노지 공원에서 독도 역사를 알리는 재일교포 윤영하 할아버지

붙잡았다. 그는 지난 2월 트럭 홍보 활동을 중단하고 '죽도의 날'인 2월 22일에 맞춰 매달 22일 오사카 시내 덴노지 공원에서 독도의 진실을 부르짖는다. 할아버지는 자신이 세상을 뜨면 지금까지의 활동이 무위에 그치지 않을까 노심초사했다. 숱한 고민 끝에 그가 고안한 것이 독도 옥외 간판 설립이다.

사시사철 보이는 독도 역사 간판 설립 "마지막 사명"

그러나 일본 땅에 독도 역사를 알리는 옥외 간판을 세우는 작업은 간단치 않다. 홍보판을 세울 땅을 사고 이를 유지하기 위해선 적지 않은 비용이 들어간다. 할아버지의 뜻을 존중하는 소수의 일본인과 학자, 재일교포들도 선뜻 후원에 나서지 못했다. 일본에

그는 지난 6월 한국을 찾아 모금 활동을 펼쳤다.

서 모금 활동이 불가능하다고 결론 내린 할아버지는 결국 지난 6월 한국을 찾았다.

독도 문제에 열띤 관심을 보이는 국민들에게 자신의 뜻을 알리고 도움을 받고 싶었다.

"어른부터 아이까지 '독도는 우리땅'이라 외치는 모국에선 어느 정도 모금이 가능하다고 봅니다. 한국 사람이 무력으로 일본 영토를 약탈한 것이 아니라는 진실을 일본인에게 알려야 합니다."

그러나 힘겹게 한국에서 펼친 할아버지의 모금 활동은 빈손으로 끝났다. 그가 애써 만든 전단지에 적힌 일본 우체국 계좌로는 한국에서 돈을 보낼 수 없었다. 일말의 기대가 허탈감으로 바뀔 법도 했지만 할아버지는 포기를 몰랐다. 송금이 가능한 계좌 개설은 물론 지속 가능성을 위해 옥외 간판 설립 법인화를 계획 중이다. 이를 위해 윤 할아버지는 지난 12일 다시 한국을 방문해 이름석 자가 찍힌 통장을 개설했다. 독도의 날인 25일 그는 이 통장 계좌가 적힌 전단지를 나눠 주며 서울역에서 두 번째 모금 활동을 펼칠 예정이다.

"소중한 후원금을 받을 수 있도록 국내 계좌를 준비했습니다. 여러분이 단 몇 푼이라도 후원해 준다면 몇 년이 걸리더라도 땅을 사 일본에 옥외 간판을 세울 수 있으리라 믿습니다."

윤 할아버지는 독도의 날 한국에서 펼칠 모금 활동을 기약하며 이달의 독도 홍보전을 위해 일본으로 되돌아갔다. 이틀 전 22일

덴노지 공원에서 어김없이 울려 퍼진 할아버지의 목소리는 늘 그랬듯 굳세고 당찼다.

notold@cbs.co.kr

윤 할아버지가 25일 두 번째 모금 활동에서 배포할 전단지.

3. 열도 깨우는 죽비소리 "나라도 외쳐야죠"

-대구CBS 권소영 기자 · 영상 배진우 기자/ 2017년 10월 25일

<독도의 날 특집> ②
열도 깨우는 죽비소리 "나라도 외쳐야죠"

윤영하 할아버지는 일본 오사카에서 독도 역사 연표 현수막을 붙인 트럭을 몰며 거리 홍보전을 펼쳐 왔다.

日 오사카 현지 독도 홍보 현장을 가다

지난 9월 22일 재일교포 윤영하[92] 할아버지는 비용과 건강 문제로 접었던 트럭 홍보 활동을 다시 펼쳤다. 7개월 만에 활동을 재개하느라 윤 할아버지는 뜬눈으로 밤을 지새웠다. 트럭에 붙일 대형 현수막과 장비를 챙기고 나니 날이 밝았다. 오전 10시 할아버

지의 손과 발이 되어 주는 재일교포 태종영[68] 씨가 이날도 작업을 거들었다. 파이프로 이은 현수막을 트럭에 설치하기까지 1시간은 족히 걸렸다.

윤 할아버지를 돕는 태종영 씨가 트럭 홍보 준비를 거들었다.

막바지 단계에서 난관을 만났다. 야속한 하늘이 비를 흩뿌리기 시작했다. 트럭을 적신 물기 때문에 현수막을 설치하기 어려워졌다. 편의점에서 사 온 휴지와 수건으로 물기를 닦아내고 파이프를 붙였지만 사고 위험이 따랐다. 고심 끝에 시내 도로 대신 동네 골목길을 몇 바퀴 도는 것으로 활동을 대체했다.

"나 같은 무식한 노인이 외치는 것이 무슨 소용 있겠습니까. 하늘이 비를 내려 나를 막는 것 같습니다."

윤 할아버지는 자신을 탓했다.

"서울에서 핏대를 세워도 일본인은 모릅니다"

"일본의 모든 분에게 호소합니다. 저는 무명의 재일교포 노인입니다. 일본은 죽도가 국제법으로도 역사적으로도 일본 고유의 영토라고 주장합니다. '한국에 무력으로 빼앗겼으니 탈환하자'고 합니다. 일본 언론은 죽도 역사를 바르게 전하지 않습니다."

애써 준비한 확성기 방송도 비 때문에 어그러졌다. 재일교포 청년회의 도움을 받아 녹음한 테이프는 아쉽게도 재생되지 못했다. 이날도 태 씨가 트럭 운전대를 잡았다. 둘의 인연은 윤 할아버지가 초대 회장을 지낸 '죽도의 날을 다시 생각하는 모임'에서 출발한다. 지인의 권유로 참석한 이 모임에서 태 씨는 할아버지를 처음 만났다. 윤 할아버지와 24살 아래 띠동갑인 태 씨는 행동대원을 자처했다.

"노인네가 일본의 '죽도의 날' 제정에 분개해 이런 활동을 하는 모습에 마음이 움직였습니다. 경제적인 도움은 못 되더라도 윤 회장님보다는 젊은 제가 몸으로 도와드려야겠다는 생각으로 지금까지 왔죠."

큼직한 글씨로 빼곡히 적힌 독도 연표를 트럭에 둘러 돌아다니다 보면 나름대로 효과를 체감한다고 태 씨는 말한다.

"확성기로 방송을 하고 현수막을 달아 도로를 달리면 구경하는 사람이 많죠. 무관심한 듯하면서도 시선이 몰리는 걸 느낍니다. 일본에서는 접하기 힘든 내용이니까요. 이게 진실이냐고 물어

보면 사실을 바로 알라고 답합니다. 현수막에 쓴 내용대로 자료가 있으니까 역사 공부를 하라고요."

빗속 거리 홍보전에 나선 독도 트럭을 바라보는 일본 시민.

조수석에 앉은 윤 할아버지가 맞장구를 쳤다.

"일본 사람들 귀에 들리는 이야기를 하는 것이 독도 바로 알리기 운동의 핵심입니다. 한국에서 아무리 독도운동을 해도 일본 사회에 전달되지 않습니다. 일본에 독도 역사를 알려야 이곳 여론이 바뀝니다. 그것이 독도 분쟁을 해결하는 첫걸음입니다."

굵어진 채찍비에 트럭 홍보를 더 이상 하기 힘들어졌다. 8시간에 2만 엔. 우리나라 돈으로 약 20만 원을 주고 계획한 트럭 홍보전은 1시간을 채우지 못했다.

"연로한 분이 국가를 위해 일하는 것을 도와드리려고 하는데 뜻대로 안 되네요. 날씨도 하나님도 안 도와주는 것 같습니다. 윤 회장님이나 내가 죄를 많이 지은 거겠지요."

윤영하 할아버지의 손발이 되어 주는 태종영 씨.

태 씨는 힘닿는 대로 활동을 돕겠다는 생각이지만 할아버지의 건강 상태가 못내 마음에 걸린다.

윤 할아버지도 길지 않은 남은 생이 걱정거리였다.

"제가 죽으면 모든 것이 끝난다고 생각합니다. 모금과 설립을 지속할 수 있도록 어떻게든 독도 간판 추진 사업을 법인화해야 한다고 결론 내렸어요. 그럼 제가 세상을 떠나도 태 선생이 이 활동을 이어줄 거라 믿습니다."

"후손에게 부끄러운 조상 되고 싶지 않아"

1945년 조국이 광복을 맞았을 때 윤 할아버지는 스무 살 청년이었다. 그가 살던 광주에도 해방의 물결이 일었다. 방방곡곡 춤을 추고 장구를 치고 꽹과리를 쳤다. 청년단에 들어가 3·1만세운동과 독립지사 이야기로 매일 밤을 지새웠다. 그는 그때 하루아침에 애국자가 됐다고 회고했다. 그러다 일제강점기 벼슬을 지낸 조부에게 이렇게 따져 물었다.

"할아버지는 독립운동 안 하시고 뭣을 하셨어요?"

이제 그는 할아버지께 던졌던 이 질문이 부메랑처럼 돌아와 자신에게 꽂힐 것을 직감한다.

해방 직후 관제 공산당으로 몰려 쫓기듯 일본에 정착한 할아버지는 손주들이 뿌리를 잃지 않고 살아가길 바란다. 그렇기에 일본 학교에서 왜곡된 역사를 교육받아야 할 후손의 미래를 가만히 앉아 지켜볼 수는 없다고 했다.

"청년 시절 내가 할아버지에게 했던 질문을 손주가 나에게 던질 날을 떠올립니다. '할아버지는 일본에 살면서 한국을 위해 뭣을 하셨어요'라는 질문을요. 일본에서 살아가는 대한민국 후손들이 독도가 일본 땅이라고 배운다는 것이 한스럽습니다. 한국인이든 일본인이든 올바른 역사 교육을 받도록 하는 것이 제 소원입니다."

여러 곳 손 내밀어도 고립무원… 기댈 곳은 조국뿐

독도 바로 알리기 운동을 전개한 10년이 넘는 세월 동안 여러 사람을 만나 때때로 뜻을 맞췄지만 진정한 협력자를 만나기는 쉽지 않았다. 재일교포 단체는 "일본에 살고 있으니 독도 문제는 손댈 필요가 없다. 국가가 알아서 할 일이지 개인이 할 사업이 아니다"라며 오히려 그를 만류했다. 전단지를 돌리러 간 한식당에선 "일본에서 사는 한 독도 이야기는 안 하는 것이 좋다"는 힐난이 돌아오기 일쑤였다. 할아버지가 스스로 만든 독도 역사 알리기 단체인 '죽도의 날을 다시 생각하는 모임'에서조차 그는 불편한 존재였다.

옛 동지의 외면만큼 힘든 게 비용 문제였다. 일본 시민단체에 후원을 요청했지만 묵묵부답이었다. 독도 역사를 연구하고 알리기 위해 존재하는 국내 여러 단체와 기관도 할아버지가 내민 손을 잡아주지 않았다.

"독도 역사 간판 설립 후원금을 요청했지만, 그때마다 협력할 수 없다는 대답만 돌아왔습니다. 그런 기관들은 무엇을 위해 존재하는 곳인지 한번 묻고 싶습니다."

할아버지의 목표는 분명하다. 일본 정부에서 발표하는 독도 역사가 그릇됐다는 것, 한국인이 무력으로 일본 영토를 약탈한 것이 아니라는 진실을 알리는 것이다.

이들은 독도의 날 25일 한국을 다시 찾아 독도 간판 설립을 호소한다.

25일 독도의 날을 맞아 할아버지는 다시 한국을 찾아 서울역에서 후원을 호소한다. 지난 모금 활동은 무관심 속에 끝났지만 이번엔 다르리란 희망이 있다. 국내 계좌를 만들고 법인화를 추진하면서 현실적인 해결책에 다가서는 중이다. 앞서 6월 모국에서 한차례 모금 활동을 벌인 할아버지의 사연이 담긴 기사엔 수많은 댓글이 달렸다. 그를 응원하고 지지한다는 네티즌들의 댓글을 본 윤 할아버지는 한동안 말문을 열지 못했다. 태 씨는 어떻게든 고마움을 표하고 싶다며 인터넷을 배워 댓글 하나하나에 감사 답장을 달았다.

"저는 뉴스에 나올 만할 존재가 아닙니다. 칭찬을 해 주시니 더욱 힘을 내야겠다는 생각뿐입니다. 국민들이 보내 주신 돈 몇 천원이라도 독도 역사 알리기에 소중히 쓰겠습니다."

아흔두 살 독도 지킴이의 눈동자에 강단이 넘쳤다.

notold@cbs.co.kr

윤영하 할아버지가 25일 서울역에서 독도 간판 모금 활동을 하며 배포할 전단지.

4. "한국에선 '양심 학자'… 일본선 '매국노'로 불리죠"

-대구CBS 권소영 기자 · 영상 배진우 기자/ 2017년 10월 26일

<독도의 날 특집> ③

독도 진실 알리는 일본인 학자와 재일교포들

일본 오사카부 야오시 한국인회관에서 만난 '죽도의 날을 다시 생각하는 모임' 활동가들.

일본에서 독도의 '불편한' 진실을 알리고자 횃불을 든 모임이 있다. 시마네현이 제정한 '죽도의 날'의 부당함을 알리기 위해 지난 2013년 4월 만들어진 '죽도다케시마의 날을 다시 생각하는 모임'이다. 일본에서 처음 구성된 죽도의 날 규탄 민간단체로 재일교포와 일본인이 함께 활동한다는 데 남다른 의미를 지닌다. 재일교포 윤영하[92] 씨를 비롯한 재일교포들과 독도를 연구하는 일본인 학자들이 주축이 됐다. 설립 당시 90여 명이었던 회원 수는

2017년 현재 228명재일교포 93명, 일본인 135명으로 늘었다. 이사장은 일본에서 독도를 연구하는 학자 구보이 노리오74 · 모모야마대학 명예교수 씨다. 재일교포 조길부 씨와 구로다 요시히로82 · 오사카 쇼인대학 명예교수 씨가 대표와 부대표를 맡았다. 구로다, 구보이 씨는 지난 2013년 독도를 방문했다가 일본 영사에게 경고를 받은 인물로도 유명하다. 일본 오사카부 야오시에 자리한 한국인회관에서 구로다 요시히로 교수와 재일교포들을 만나 그동안의 활동상과 독도 문제에 관한 생각을 들어봤다.

참석자: 대표 조길부, 부대표 구로다 요시히로이하 구로다, 전무이사 박청, 이사 오카모토 아사야이하 오카모토, 이사 허옥희, 회계감사 요시카와 마사요이하 요시카와

다음은 일문일답.

Q. 죽도의 날 제정을 규탄하는 일본 내 최초이자 유일한 민간단체로 알고 있다. 어떻게 만들게 됐나?

허옥희 재일교포 윤영하 씨가 이 모임을 처음으로 제안했다. 발족 준비를 하는데 도와주는 사람이 없었다. 그때 문을 두드린 곳이 재일민단 오사카 야오지부였다. 민단 단장의 도움과 구로다, 구보이 선생의 협력으로 모임이 탄생했다.

박청　지인의 소개로 윤 씨를 처음 뵙게 됐는데 연세도 많은 분이 정열적으로 활동하는 모습이 인상 깊었다. 도와드려야겠다는 생각에 일단 모임에 들어왔다.

Q. 이 모임에 참여하게 된 동기는?

요시카와　조 대표가 운영하는 회사의 직원인데 처음엔 도와줄 목적으로 몇 번 이곳에 왔다. 모임에 오고 나서 생각이 바뀌었다. 원래는 독도가 일본 영토라고 생각했다. 공부를 하다 보니 독도를 바라보는 시각이 달라졌다.

'죽도의 날을 다시 생각하는 모임' 부대표인 구로다 요시히로 명예교수

구로다　지난 2012년 12월 23일 열린 일본 천황제 비판 집회 모임에 초대 대표인 윤영하 씨가 와서 죽도 문제를 언급했다. 나이 드신 할아버지의 이야기를 듣고 마음이 움직였다. 대학에서

인권 문제를 가르치는 교사로서 학생에게 진실을 가르치는 것이 임무라고 느낀다. 또 일본인으로서 가져야 할 책임 의식 때문에 모임에 참가하고 있다. 일본은 식민지 가해 책임을 명확히 하고 올바르게 역사를 가르쳐야 한다.

이사 오카모토 아사야 씨

오카모토 혐오 발언hate speech 문제를 관심 있게 지켜봤다. 한국에 반감을 가진 사람들이 독도 문제를 계속 떠들어댔다. 이에 반론하기 위해 나름대로 조사를 하다 이 모임을 알게 됐다. 역사 문제가 일상과 별 관계가 없는 것처럼 보이지만 잘못 방치하면 혐오 발언 현상으로 나타난다. 일본이 한국을 침략했는데 일본 시민은 이런 사실을 잘 모른다. 그것이 문제다. 시민들에게 정확한 지식을 알려주기 위해 활동하고 있다.

허옥희 처음엔 민단 회원으로서 돕자는 생각에 발을 들였다.

'독도는 우리 땅'이라고 막연히 생각했는데 이 모임에서 공부하며 구체적인 지식을 많이 배운다. 일본 시민들과 재일동포가 독도를 너무 모른다. 일본에서 교육받은 대부분의 재일교포도 '독도가 왜 한국 땅이냐'고 되묻는다. 공부하지 않으면 막상 설명하기 어렵다. 독도의 진실을 밝히는 게 내가 해야 할 일이구나 생각했다. 이젠 노래방에서도 늘 '독도는 우리 땅'을 부른다. 웃음

Q. 모임에선 주로 어떤 활동을 하나?

박청　1년에 2~3차례 오사카 지역에서 대중 강연회를 연다. 지금까지 13회를 맞았다. 올해 3월 도쿄에서 처음으로 강연회를 열었다. 오는 10월 28일 오사카에서 강연이 진행된다. 많이 올 때는 150명 정도 참석한다. 또 회원들과 함께 독도 현장답사도 다녀왔다. 명예도민증도 발급받았다.

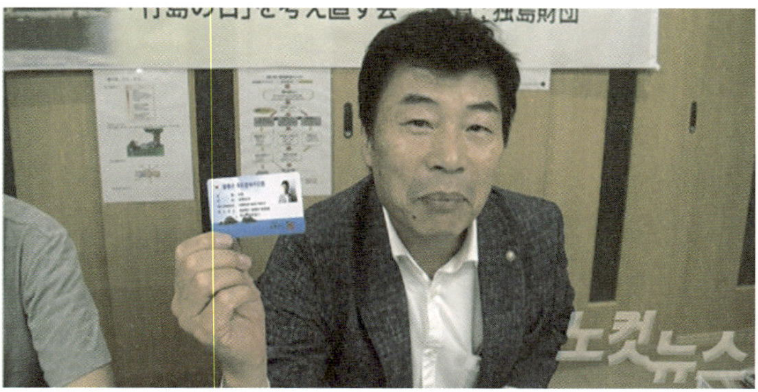

전무이사 재일교포 박청 씨

허옥희 세미나나 강연회를 할 때마다 DVD 등으로 자료를 남긴다. 재일동포 잡지에도 우리 활동이 실린다. 지난 2015년 심포지엄엔 야오 시장과 의원들도 참석했다. 이런 자리에 오기가 힘들 텐데도 민단과 친분이 두터워 위험을 무릅쓴 것 같다.

조길부 2015년 한국 국회에서 구보이 씨가 소장한 고지도, 고문서 등 독도 역사 자료 전시회를 열었다. 독도가 한국 땅이라는 역사를 보여 주는 지도에 한국 언론과 학자들의 관심이 지대하다. 한국엔 독도 자료가 별로 없지만 일본엔 독도가 일본 영토가 아님을 뒷받침하는 자료가 많다. 일본 정부는 그런 자료는 절대 공개하지 않는다. 정부가 꺼내 들지 않는 자료를 발굴해 일본인들에게 널리 알리고 싶다.

구로다 특히 일본 메이지 정부가 독도는 일본의 영토가 아니라고 선언한 '태정관 지령'. 러일전쟁에서 군사적 목적으로 독

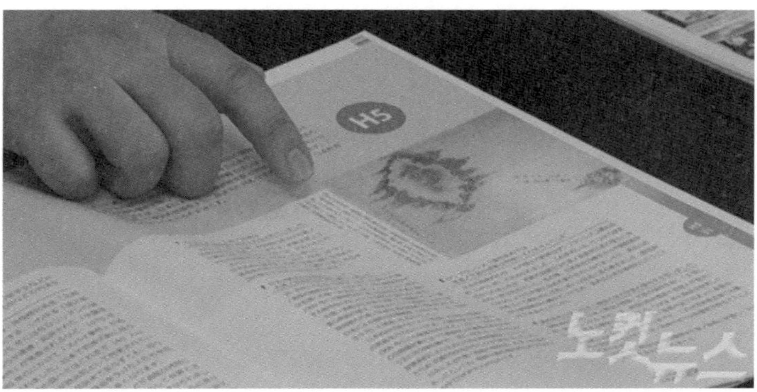

'울릉도와 독도가 일본 영토가 아니다'라는 내용의 지도가 첨부된 1886년 일본 정부 문서

도를 점령했다는 사실들이 일본 교과서에 빠져 있다.

오카모토 1886년에 일본 정부가 내놓은 문서에 '이 섬은 일본 영토가 아니다'라며 울릉도와 독도가 그려진 지도가 첨부돼 있다. 이때 일본 정부는 독도가 일본 영토가 아니라고 인식하고 있었다. 그런데 이런 내용이 교과서에 실리지 않는다. 지금 일본 정부는 다른 설명을 하고 있다. 이 지도가 있는데도 일본의 영토라고 주장한다.

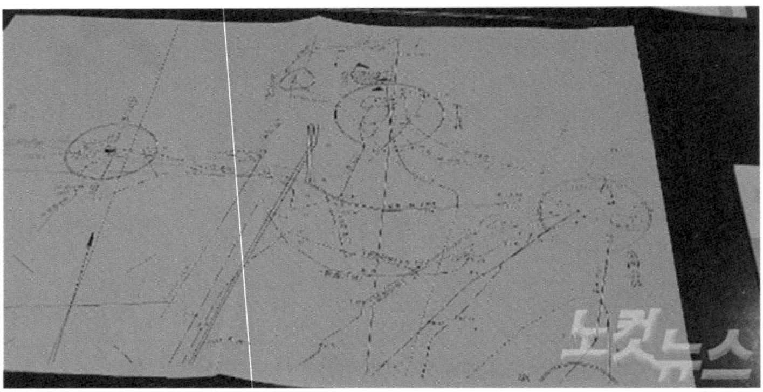

1905년 러일전쟁 때 일본 군대가 사용한 군사 지도

조길부 1905년 러일전쟁 당시 일본 군대가 사용한 지도를 보면 일본 메이지 정부 군 관계자가 독도를 '량코도'라고 보고하고 있다. 량코도는 서양 배인 리앙쿠르호의 이름을 딴 것이다. 일본은 독도가 일본 고유의 영토라 말하는데 당시 독도 이름을 서양 이름으로 빗대 불렀다는 건 일본의 주장이 모순임을 보여 준다.

Q. 모임 활동에 대한 일본 사회의 반응은 어떤가?

조길부　우리 단체가 작은 조직이기 때문에 반론하거나 항의하는 분은 아직 없다. 새로운 진실을 알게 됐다는 분이 많이 생겼다. 재일동포 중에서도 내가 잘못 알고 있었다고 고백하는 전화가 오기도 한다.

박청　　모임 사무실이 민단에 있다 보니 일본 경찰 공안과 법무성 공안이 항상 예의주시한다. 우리가 모임을 열 때마다 사복 차림으로 와서 움직임을 살핀다. 역사를 바로잡기 위한 활동이니 꺼릴 것이 없지만 꼬투리를 잡히면 어렵게 되지 않을까 걱정도 된다.

Q. 일본인으로서 독도 진실을 외치기가 쉬운 일은 아닐 듯하다. 어려운 점은 없나?

구로다　내가 인권운동을 하는데 각 지방자치단체에서 강연 의뢰가 들어올 정도로 제법 평가를 받는다. 그런데 독도 활동은 이야기가 달라진다. 인터넷에서 내가 매국노라는 비난이 거세다.

Q. 독도 역사를 바로잡기 위해 어떤 활동이 가장 중요하다고 보나?

구로다　학문적인 측면에서도 독도는 한국 영토라는 사실을 확신한다. 일본의 고유 영토라는 주장이 틀렸다는 것을 한국 정부가 학문적 고증을 통해 밝힐 필요가 있다. 그러고 나서 양국

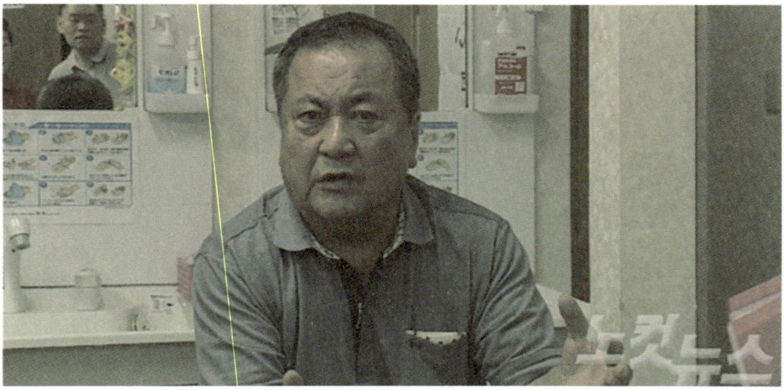

대표 재일교포 조길부 씨

이 서로 진솔하고 침착하게 대화의 장을 열어야 한다.

조길부　태초부터 '독도는 우리 땅'이라고 주장하면 국제 사회에서 웃음거리만 될 뿐이다. 한국 정부도 냉정하게 독도 역사를 공부해야 한다. 50년 전 한국과 일본 정부 사이의 독도 논쟁을 살펴보면 한국 정부가 밀린다. 양국의 학자들도 한자리에 모여 토론하고 격론을 벌여야 한다.

Q. 독도 문제와 관련해 현재 일본 사회에서 가장 우려되는 점은 어떤 것들이 있나?

조길부　재일동포 중에 독도가 한국 땅이라고 인식하는 분들이 절반이 되지 않는다.

박청　'일본 정부에서 일본 영토라고 하는데 왜 한국 땅이라고 하느냐'고 반문하는 사람이 재일동포 중에 절반 이상이다.

조길부 구보이 선생께서 걱정하는 점 중 하나가 일본 사회 분위기다. 일본인들은 정부의 말을 그대로 믿는 특유의 습성이 있다. 정부에서 펴낸 교과서에 '한국이 독도를 빼앗았다'고 실으면 일본인은 곧이곧대로 믿는다.

모임 이사인 재일교포 허옥희 씨

허옥희 잘못된 내용인데도 그냥 받아들이기 때문에 무서운 것이다.

박청 올해부터 일본 교과서엔 한국이 부당하게 독도를 약탈했다는 내용이 실린다. 왜곡된 교육을 받고 자란 학생들이 자라 5년, 10년이 흐른다면 큰 문제가 될 수 있다.

구로다 일본 정부와 시마네현의 잘못된 행보를 바로잡으려면 문제점을 정확히 비판할 수 있는 사람이 많아져야 한다. 그래서 학생들에게 정확한 역사를 가르쳐야 한다. 아주 중요한 문제다.

Q. 앞으로 활동 계획은?

구로다　현재 도쿄에 '죽도를 넓게 다시 생각하는 모임'이라는 지부를 세우는 작업을 추진한다. 아직 지부 개념은 아니지만 히로시마, 가나자와, 아오모리에도 회원들이 있다. 오사카 지역으로 한정된 모임을 다른 지역으로 확산할 계획이다.

'죽도의 날을 다시 생각하는 모임' 활동가들

박청　내년 창립 5주년을 기념해 여러 사업을 생각하고 있다. 시마네현에 있는 신문사에 독도 광고 전단을 배포하는 것과 독도박물관에 무궁화와 벚꽃을 교환 식수하자는 안이 나오고 있다. 시마네현 오키노시마에 있는 구보이 선생님의 독도자료관을 역사 탐방하는 계획도 고려한다.

조길부　한 발 한 발 뛰는 수밖에 없다. 각광 못 받고 이대로 끝나 버릴지도 모르는 일이고.

오카모토 독도 문제에 관심이 큰 일본인 중에서도 극히 일부분만 이 모임에 참여하고 있다. 뾰족한 방법이 있는 건 아니지만 한 사람씩 이야기하면서 공감대를 넓혀가는 방법이 최선이라고 생각한다.

구로다 일본 교육이 이 상태로 계속 진행되면 훗날 일본 학생들이 '너희들은 일본 영토를 빼앗은 도둑놈이다'라며 재일동포 학생들을 따돌리는 현상이 나타날 것이다. 내년엔 무슨 일이 있어도 학교 교사를 겨냥한 독도 역사 교재를 제작하려고 구보이 선생과 논의하고 있다.

박청 잘못하다간 경찰에 체포돼서 교수형 당할지도 모르지만. 웃음

notold@cbs.co.kr

5. "독도는 우리 땅" '죽도의 날' 시마네현 누빈 93세 독도 전도사

-대구CBS 권소영 기자/ 2018년 2월 26일

일본에서 독도 역사 알리기에 고군분투하는 90대 재일교포의 외침이 죽도의 날 시마네현에서 울려 퍼졌다.

윤영하 할아버지가 일본에서 독도 역사를 알리는 홍보 활동을 펼치고 있다.

올해 93살인 윤영하 할아버지는 지난 2005년부터 일본 현지에서 죽도의 날 규탄 모임을 만들어 독도의 진실을 알리는 데 앞장서왔다. 윤 할아버지는 22일과 23일 이틀에 걸쳐 오사카와 시마네현에서 "독도 역사의 진실을 일본인이 알아야 한다"고 부르짖었다. 그는 '죽도의 날'인 22일 일본말로 독도의 역사를 적은 현수막을 차량에 붙이고 그가 사는 오사카 시내를 돌았다. 이어 시마네현으로 이동해 이튿날 23일 확성기로 독도 역사를 외치며 마쓰에 시내를 세 바퀴 돌았다. 그의 죽비소리는 시마네현청의 죽도자료실 앞까지 이어졌다.

윤 할아버지는 일본인이 '독도'라는 말을 듣고 한 번이라도 '죽도의 날'을 다시 생각해 보게 하는 것만으로도 의미가 있다고 말한다. 그는 "죽도자료실을 견학하고 나오는 일본 학생들이 내가 마이크로 외치는 말을 한참이나 들었다"며 "홍보 차량 운전대를 잡은 일본인 운전사도 이번 일을 계기로 독도를 다시 생각하게 됐다고 하더라"며 이번 홍보전을 마친 소감을 밝혔다. 큰 반향을 불러오진 못해도 그는 시마네현에서 펼친 홍보 활동이 결코 헛되지 않았으리라 믿는다.

윤 할아버지 지난해부터 1년 넘게 이러한 독도 홍보 활동을 펼쳐오고 있다. '죽도의 날'에 맞춰 매달 22일 그는 오사카 시내 공원에서 그가 손수 모은 독도 역사 자료를 내걸고 "독도는 한국땅"이라고 핏대 세워 외친다. 일본 땅에 독도 역사는 알리는 홍보판을 세우는 것을 꿈꾸는 그는 기금 모금을 위해 지난해 두 차례 모국을 찾았다.

서울, 대구, 부산에서 전단지를 나눠 주며 국민들의 후원을 호소했다. 얼굴 없는 시민들의 후원으로 윤 할아버지의 모금 계좌엔

지난달 한국을 찾아 독도 홍보 모금 활동에 나선 윤 할아버지가 서울역에서 행인들에게 독도 역사를 알리고 있다.

295만 원이 모였다. 그는 자신의 외길 홍보전에 힘을 실어준 시민에게 감사 인사를 드리고 싶다며 입금자 이름과 연락처를 은행에 문의하기도 했다. 시마네현 독도 활동에 쓸 차량을 빌리고 운전사를 고용할 수 있었던 것도 시민들의 후원 덕이라고 그는 말했다. 일본에서 땅을 사고 홍보판을 세우기엔 턱없이 부족한 액수지만 그는 이처럼 다양한 독도 홍보 활동을 위해 후원금을 소중히 쓰겠다고 거듭 다짐했다.

지난해 6월과 10월에 이어 올해 1월에도 윤 할아버지는 다시 한국을 찾았다. 온몸을 얼어붙게 만드는 혹한에도 그는 서울과 대구를 누비며 국민의 관심과 지지를 부탁했다. 서울역 한편에선 그가 일본에서 가져온 독도 역사 자료를 선보이는 작은 전시회가 열렸고 동대구역 한복판에선 그가 제작한 독도 현수막이 칼바람에 나부꼈다. 할아버지의 사연을 접한 한 시민의 도움과 서울역 직원들의 협조 덕에 고국에서의 홍보 활동은 순조롭게 진행됐다.

윤 할아버지는 "일본에서 독도의 역사를 알려야 한다는 내 생각에 힘을 보태준 국민에게 고맙다"며 "건강이 허락하는 한 끝까지 독도의 진실을 외치겠다"고 뜻을 밝혔다.

notold@cbs.co.kr

6. 제7회 독도평화대상 개최…
재일교포 윤영하 씨 등 3명 수상

-대구CBS 권소영 기자/ 2019년 12월 10일

독도 수호와 홍보 활동에 공헌한 개인과 단체에 시상하는 제7회 독도평화대상이 9일 포항시 중앙아트홀에서 열렸다.

제7회 독도평화대상 시상식이 9일 경북 포항시에서 열렸다. 사진=독도평화재단 제공

이날 시상식에는 수상자와 관계자 등 300여 명이 참석한 가운데 성황리에 개최됐다. 올해 시상식에는 일본에서 독도 역사 알리기에 앞장서고 있는 재일교포 윤영하94 씨관련기사 CBS노컷뉴스 2017. 10. 24. '92세 재일교포 일본에서 독도를 외치다'가 독도동도상우산봉상 수상

의 영예를 안았다. 동도상을 수상한 윤 씨는 일본 오사카에 거주하는 재일교포로서 시마네현의 '죽도의 날' 조례 제정이 한일 관계를 크게 훼손한다고 보고 '죽도의 날'을 폐지하고 경상북도와 시마네현의 관계를 복원할 것을 촉구해 왔다.

또한 일본 현지에서 독도 관련 단체를 조직하고, 현재 독도=죽도 역사홍보사 대표로서 독도가 한국 땅이라는 것을 지속적으로 알리고 있다. 심사위원단은 윤 씨가 거주하는 일본 오사카까지 현장 실사를 다녀온 뒤 만장일치로 윤 씨를 수상자로 결정했다. 올해 94세의 고령인 윤 씨는 거동이 어려워 시상식에 참석하지 못했다. 그는 대리 수상을 통해 독도 수호에 대한 자신의 신념을 밝혔다.

윤 씨는 "독도평화대상 수상자로 이 노생이 결정됐다는 감사하고 반가운 소식을 받았다. 이 모두가 독도를 위해 염려하시고 고생하신 여러 선생님의 덕택이라 생각하며 한일 간 역사를 다시금 생각해 본다"고 수상 소감을 전했다. 이어 "일본의 독도 정책은 일본 고유 영토를 한국이 무력으로 빼앗았다고 자국민에게 가르치고 있다"며 "그렇지 않다는 역사의 진실을 일본 국민에게 직접 알려야 한다. 이를 위해선 일본에 독도역사자료실을 만드는 방법밖에 길이 없다"고 주장했다. 아울러 올바른 역사 인식을 일본인들에게 알리는 것이 일본에 사는 한국인의 의무라며 재일교포들이 함께 힘을 합쳐 달라고 당부했다. 또 그는 뜨거운 성원을 감사히 받아 '독도는 한국 땅'이라는 현수막을 건 트럭을 몰고 내년에 다시 한번 시마네현을 돌아보겠다는 계획을 밝히기도 했다.

독도서도상대한봉상은 대학에서 '독도영토학'을 강의하는 최장근 대구대학교 교수에게 돌아갔다. 최 교수는 독도 영유권에 대한 왕성한 학술 활동과 함께 '독도영토학' 강좌를 개설해 학생들에게 독도를 가르치고 있다.

특별상을 수상한 이인규 서울대학교 명예교수는 독도의 자연생태계 학술조사를 여러 차례 실시하고 독도를 '천연보호구역'이라는 명칭의 자연유산으로 지정해 국가적인 관리 보호를 받을 수 있도록 주도적인 역할을 해 왔다.

올해 7회를 맞이한 독도평화대상 시상식은 독도평화재단이 독도 수호와 홍보에 공이 큰 개인이나 단체를 발굴해 알리고 독도에 대한 국민적 관심을 고취하기 위해 지난 2013년부터 개최되고 있다. 시상식을 지원하는 경상북도는 "독도는 경북의 자랑이자 대한민국의 자존이며 우리의 역사다. 일본이 독도 영유권을 주장하는 것은 과거 자신들이 저지른 침략의 역사를 부정하는 것과 같다"며 "앞으로도 경북도는 온 국민과 함께 일본의 역사 인식을 규탄하고 세계인들에게 독도는 대한민국의 땅임을 널리 알리는 데 앞장서겠다"고 밝혔다.

◇ 독도평화대상 역대 수상자 명단

2013년 제1회 독도평화대상 수상자

대상 독도지킴이독도사랑회 대표 길종성

동도상 최서면 교수

서도상 한국전기공사협회 회장 최길순

2014년 제2회 독도평화대상 수상자

동도상 (사)안용복장군기념사업회 대표 이승명

서도상 (사)푸른울릉독도가꾸기회 대표 정장호

특별상 김성도 작고 · 김신열 부부

2015년 제3회 독도평화대상 수상자

동도상 사이버 외교사절단 반크

서도상 신용하 서울대 명예교수

특별상 에드 로이스 미 하원의회 외교위원장

2016년 제4회 독도평화대상 수상자

동도상 독도사랑국민연합

서도상 정광태

특별상 이수광

2017년 제5회 독도평화대상 수상자

동도상 사단법인 독도사랑운동본부 원용석

서도상 사단법인 한국수중환경안전협회 황대영 회장

특별상 전경수 서울대 명예교수

2018년 제6회 독도평화대상 수상자

동도상 흥사단독도수호본부

서도상 나라독도살리기국민운동본부

특별상 호사카 유지 세종대 교수

notold@cbs.co.kr

참고문헌

홍성근(2009), "일본 교과서의 독도 관련 기술 실태와 문제점 분석", 『독도 문제의 학제적 연구』, 동북아역사재단

______(2009), "일본의 독도 영토 배제 조치의 성격과 의미", 『독도와 한일관계: 법, 역사적 접근』, 동북아역사재단

______(2011), "일본 외무성의 독도 영유권 주장에 대한 반박", 『내일을 여는 역사』, 서해문집

______(2015), "평화선 선언과 독도 폭격연습지 지정에 대한 법·정책적 이해", 『독도연구』 제18호

______(2017), "일본의 독도 영토 편입 조치의 법적 성격에 대한 고찰", 『독도연구』 제23호

______(2017), "일본 고등학교 교과서 독도 기술의 현황과 문제점: 2017년과 2017년 검정 교과서를 중심으로", 『영토해양연구』 제14호

______(2020), "1948년 독도폭격사건의 인명 및 선박 피해 현황", 『영토해양연구』 제19호

홍성근·문철영·전영신·이효정(2010), 『독도! 울릉도에서는 보인다』, 동북아역사재단

홍성근·서종진(2018), "일본 초·중·고 개정 학습지도요령 및 해설과 독도 관련 기술의 문제점", 『영토해양연구』 제16호

찾아보기

ㄹ

ㅁ

ㅂ

ㅅ

ㅇ

ㅈ

ㅊ

ㅋ

ㅌ

ㅍ

ㅎ

홍성근 (洪聖根)

한국외국어대학교 법학과를 졸업하고 같은 학교 대학원에서 독도와 관련된 국제법 연구로 석사와 박사학위를 받았다. 2005년 대통령 소속기관으로 설립된 '동북아의 평화를 위한 바른역사정립기획단'의 선임연구관을 거쳐, 2006년 이후 동북아역사재단 연구위원으로 재직하고 있다. 현재 독도학회 회장, 경상북도 독도위원 및 해양경찰청 국제해양법위원 등으로 활동하고 있다. 주요 저서와 논문으로는 『독도! 울릉도에서는 보인다』(공저, 동북아역사재단, 2010), 「1948년 독도폭격사건의 인명 및 선박 피해 현황」(영토해양연구, 2020), 「북한의 독도 연구 및 저술 현황 분석」(북한학연구, 2018), 「라포르트의 울릉도 조사 보고서와 1899년 울릉도 현황」(영토해양연구, 2013)을 비롯하여 '일본의 독도 영유권 주장'을 비판하고 '일본 교과서의 독도 기술 현황과 문제점'을 분석한 논문 등이 있다.

동북아역사재단 교양총서 01

윤영하 할아버지
오사카에서 독도를 외치다

제1판 1쇄 발행일 2020년 12월 21일

지은이 홍성근
발행처 동북아역사재단

출판등록 제312-2004-050호(2004년 10월 18일)
주소 서울시 서대문구 통일로 81 NH농협생명빌딩
전화 02-2012-6065
팩스 02-2012-6189
홈페이지 www.nahf.or.kr
제작·인쇄 청아출판사

ISBN 978-89-6187-599-8 04910
978-89-6187-406-9 (세트)

* 책값은 뒤표지에 있습니다. 잘못된 책은 바꾸어 드립니다.